미로 속의 암소

이언 스튜어트

노태복 옮김

미로 속의 암소

수학 뇌를 열어 주는 21가지 수학 문제

사이언스
SCIENCE 북스
BOOKS

들어가며

암소들이 돌아왔다.

이 게임이 생소하거나 이제껏 관심을 크게 기울이지 않은 여러분을 위해 소개하자면, 『미로 속의 암소』는 《사이언티픽 아메리칸(*Scientific American*)》과 그 프랑스판인 《푸르 라 시앙스(*Pour La Science*)》에 실린 칼럼 「수학 레크리에이션(Mathematical Recreations)」을 옥스퍼드 대학교 출판부에서 세 번째로 모아 엮은 책이다. 프랑스판에는 자체 기사가 실리는데 나는 1년에 칼럼을 각각 6편씩 미국판과 영국판에 쓴 적도 있다. 이전에 나온 다른 칼럼집도 두 권 있다.

그렇다. 이렇게 해서 나온 암소들이다.

옥스퍼드 대학교 출판부의 첫 번째 칼럼집인 『수학 히스테리아

(*Math Hysteria*)』를 낼 때, 편집자들은 각 장은 물론 표지에 만화를 넣어 책을 친근하게 만들고자 했다. 천재성을 발휘해 그들은 스파이크 게렐(Spike Gerrel)에게 의뢰하기로 결정했다. 어느 장에는 '태양의 소세기'라는 내용이 있었는데, 이것은 극도로 복잡한 문제로서 그 답은 20만 6545자릿수이며 1880년에 처음 발견되었다. 이처럼 복잡한 것을 보면, 아마 문제를 낸 아르키메데스조차 **그 문제가** 그토록 복잡하리라고 생각하지 못했던 것 같다. …… 하지만 지금 와서 아르키메데스에게 직접 물어볼 수는 없는 노릇이다.

어쨌든 스파이크는 암소 주제에 관한 이 힌트에 착안했다. 그도 그럴 것이 암소가 그의 특기이니까. 표지를 보면, 한 마리는 달 위로 뛰어오르고 세 마리는 눈가리개, 흠, 실제로는 두건을 쓰고 있다. 책 등에는 구석에서 여러분을 훔쳐보고 있는 암소가 보인다.

그다음 수학 칼럼집인 『케이크를 자르는 법(*How to Cut a Cake*)』에는 암소가 나오지 않는데, 그래도 스파이크는 체스 말들, 한 마리의 뒤엉킨 고양이(전화기 선에 얽힌 고양이로, 슈뢰딩거나 기타 어떤 양자 역학과도 관련이 없다.), 어리벙벙한 토끼 한 마리를 기어이 그려 넣었다. 암소가 빠진 이 부당한 처사를 만회할 기회는 세 번째 수학 칼럼집을 내기로 결심하자 찾아왔다. 책에 들어가는 내용 중 하나가 「미로 속의 암소들」인 덕분에 책 제목을 정할 수고를 하지 않아도 되었다.

어쩌면 여러분은 한 무리의 암소들이 미로를 헤집고 다니고 그 미로를 만들거나 부수는 엔지니어 무리들이 그런 모습을 지켜본다는 것은 수학이라는 학문의 진지함과는 거리가 멀다고 여길지 모른다. 하지만 내가 여러 번 말했듯이 '진지함'이 '엄숙함'과 같은 뜻일 필요는 없다. 수학은 정말로 진지한 학문이며, 우리 문화는 수학 없

미로 속의 암소

이는 제대로 유지되지 않는다. 수학의 이런 진지함이 생소한 사람들도 많겠지만, 조금만 알고자 하면 쉽게 알 수 있다. 이렇게 수학이 너무 진지한 것이다 보니 우리 모두 잠시 머리를 식힐 필요가 있다. 아울러 소수점과 분수 그리고 평행사변형(요즘 이런 것들에 신경 쓰는 사람이 있을까?) 등에 너무 신경 쓰지 않아도 좋다. 책 전체 내용을 여러분 입맛에 맞도록 해 줄 대단한 비밀을 감추어 두었으니 말이다.

한마디로 이 책 속의 수학은 재미있다.

심지어 진지한 내용도 진지한 방식으로 재미있다. 여러분의 머릿속에서 꼬마전구가 번쩍해서 갑자기 수학이 어떻게 돌아가는지 **이해하게** 되면 어떤 것도 그 놀라운 느낌을 앗아갈 수 없다. 수학 연구(책을 쓰지 않을 때 내가 하는 일의 큰 부분을 차지하는 일)란 비유하자면, 99퍼센트는 머리를 벽에 부딪치며 괴로워하다가 1퍼센트는 갑자기 왜 그것이 완전히 명백한지 그리고 여러분이 얼마나 어리석었는지를 깨닫는 과정이다. 번쩍! 머릿속 전구에 불이 켜지고 나면, 여러분은 인류의 99.99퍼센트가 답은 말할 것도 없고 그 문제를 이해하지도 못할 것이라는 생각에 지금까지의 자신의 어리석음에 관대해진다. 일단 이해하고 나면 수학은 언제나 쉬워 보인다.

내가 수학자가 된 한 가지 이유는 《사이언티픽 아메리칸》에 매월 나오는 수학 칼럼 때문이었다. 당시 칼럼의 제목은 「수학 게임(Mathematical Games)」이었고 타의 추종을 불허하던 마틴 가드너(Martin Gardner)가 쓴 것이었다. 가드너는 수학자가 아니었지만 그를 단지 저널리스트라고 부르면 너무 좁게 보는 것이다. 작가로서 그의 관심 분야는 퍼즐, (무대 공연의) 마술, 철학 그리고 사이비 과학의 어리석음을 폭로하는 일이었다. 그의 「수학 게임」 칼럼이 제대로 성공한 까닭은 그가 수학자가 **아니었기** 때문이지만, 그는 흥미롭고 호기심을 자아내면서도 의미심장한 것을 포착하는 데 신비스러운 직감을 갖고 있었다. 그를 따라 하기는 불가능한 일이라 나는 한 번도 그런 시도를 해 보지 않았다. 하지만 내가 학교에서 접한 어떤 것보다 수학이 더 폭넓고 풍부한 것임을 알려 준 사람은 바로 가드너였다.

나는 학교 수학에 대해 불평하지는 않는다. 내게는 훌륭한 선생님들이 여러 분 있었는데, 그중 한 분인 고든 래드퍼드(Gordon Radford)는 여가 시간의 대부분을 할애해 내가 가드너에게서 배웠던 것과 똑같은 교훈, 즉 수학에는 교과서를 통해 짐작되는 것보다 더 많은 내용이 있음을 나와 몇몇 내 친구들에게 가르쳐 주었다. 학교는 내게 기법을 알려 주었지만 가드너는 내게 **열정**을 안겨 주었다. 영국이 낳은 진정으로 위대한 수학 교육자 중 한 명인 데임 캐슬린 올러렌쇼(Dame Kathleen Ollerenshaw)는 자서전 『많은 것에 대해 이야기하기(*To Talk of Many Things*)』에서 자기가 학교에 다닐 때 새로운 수학을 발견하고 싶은 소망을 친구들에게 드러냈을 때에 관해 들려준다. 한 친구는 다음과 같이 말하며 반대 의견을 내놓았다. "안 그래도 많은데 군이 왜 새로운 것을 발견하지?" 나는 데임 캐슬린의 편이다. 실제로 이 책의 한 장에는 그녀의 포부대로 이루어진 이야기가 나온다. 비록 그녀가 교육과 지방 정부 행정 일을 직업으로 삼기는 했지만 말이다. 당시 그녀는 82세였고 그때가 10년 전이다.

『미로 속의 암소』는 어떤 순서로 읽어도 된다. 각 장은 독립적이므로 내키지 않으면 어느 장이든 건너뛰어도 좋다. (여기서 내가 어렸을 때 다행히도 알게 된 또 하나의 위대한 수학적 비밀이 있다. 즉 어려운 내용에 매달리지 말고 어떻게든 앞으로 나아가라. 지나고 나면 이해될 때가 종종 있다. 그렇지 않으면 언제라도 되돌아가 다시 시도하면 된다.) 유일한 예외는 시간 여행의 수학에 관한 연속된 세 장이다(원래는 2개의 칼럼이었지만 너무 분량이 많아 셋으로 나누었다.).

주제는 다양하다. 이 책은 교과서가 아니라 수학 연구와 발견의 즐거움을 찬미하는 글이다. 어떤 장들은 '이야기' 형식이고 다른 장들은 직접적인 설명이다. 미국판 잡지에 내가 사용할 공간이 세 페이지에서 두 페이지로 주는 바람에 칼럼을 이야기 형식으로 더 이상 쓸 수 없게 되었다. 게다가 한동안 미국판에서 매달 칼럼을 쓰지 못하게 되었을 때, 미국판과 교대로 프랑스판이 내 이야기 욕구를 계속 채워 주었다. 그런 여건에도 불구하고 분별 있는 독자라면 매우 다양하고 진정한 수학적 내용들이 책 곳곳에 흩어져 있음을 알게 될 것이다. 이 책에는 정수론, 기하학, 위상 기하학, 확률론, 조합론 …… 그리고 유체 역학, 수리 물리학, 동물의 보행을 포함한 여러 응용 수학 분야들까지 망라되어 있다.

칼럼을 쓸 때 독자들이 보낸 생생한 편지들이 큰 도움을 주었는데, 책 전체에 걸쳐 주제에 관한 약 절반의 아이디어를 그러한 편지에서 얻었다. '피드백' 코너를 만들어 대부분의 장에 독자의 제안을 실었다. 원래 칼럼의 느낌을 살리면서도 내용을 현대적으로 가다듬었으며 내가 아는 오류나 모호한 점들을 없앴다. 또한 인터넷의 영향력이 커지는 것을 감안해 새로운 특징을 가미했다. 즉 흥미로운 웹사이트를 소개했다.

내가 스파이크의 암소와 신나게 놀도록 기꺼이 허락해 준 편집자 래사 메논(Latha Menon)을 비롯한 옥스퍼드 대학교 출판부의 모든 이들에게 감사드린다. 아울러 암소들로 장식된 영국판 표지를 그

려 준 스파이크와, 《푸르 라 시앙스》의 여러 표지들을 마음껏 살펴
보게 해 준 필리프 불랑제(Philippe Boulanger), 그리고 어릴 적 내 꿈을
실현할 수 있도록 도와준 《사이언티픽 아메리칸》에도 감사드린다.

2009년 9월
코벤트리에서
이언 스튜어트

차례

1

흥미진진한
주사위의 비밀

주사위 …… 이것은 아주 단순해 보인다. 숫자가 적힌
정육면체일 뿐이니까. 고대인들은 주사위를 이용해
도박을 했고, 아울러 신의 뜻을 헤아리기도 했다.
주사위에 관한 수학은 최근의 것으로서, 우연처럼 보이는
사건도 나름의 패턴이 있다는 확률 이론의 한 부분이다.
단 그 패턴을 찾는 법을 알아낸다면.

주사위(die), 흔히 복수형인 'dice'로 더 잘 알려진 이것은 가장 오래
된 도박 기구의 하나이다. 로마 역사가인 헤로도토스의 주장에 따르
면, 주사위는 아티스 왕 시대에 리디아 인들이 처음 들여왔다고 한
다. 하지만 소포클레스는 이 의견에 반대하면서 팔라메데스라는 그
리스 인이 트로이 포위 기간 동안 주사위를 발명한 것으로 보았다.
트로이를 포위한 그리스 인이 트로이 인들이 항복할 때까지 기다리
면서 소일거리로 삼으려고 주사위를 발명했을지도 모른다. 하지만
주사위의 진정한 발명자는 분명 따로 있었다. 주사위는 기원전 약

600년부터 내려오는 중국의 유적지에서 발견되었다. 고고학자들은 기원전 2000년까지 거슬러 올라가는 이집트 무덤에서 정육면체 주사위를 발견했는데, 이것은 용도나 목적에서 볼 때 오늘날의 주사위와 같다. 기원전 6000년이나 된 주사위도 발견되었다. 아마 여러 문화에서 여러 주사위들이 개별적으로 생겨났기에, 기본 형태는 비슷하지만 나름의 특성을 갖고 있는 듯하다. 그 모양에서도 정육면체 형태만 있는 것은 아니다. 모양이 다양한데다 이상한 표시가 많은 주사위들이 북아메리카 원주민, 아스텍이나 마야와 같은 남아메리카 문화, 폴리네시아 인, 이누이트, 여러 아프리카 부족들에 의해 사용되었다. 이들 주사위를 만드는 데 쓰인 재료는 비버의 이빨에서부터 도자기까지 다양했다. 던전스 앤 드래곤스 보드게임에서는 일반적인 다각형 모양의 주사위가 쓰인다.

주사위는 아주 단순한 형태이지만, 할 수 있는 일은 무궁무진하다.

책의 분량이 한정되어 있으므로 이번 장에서는 표준적인 현대의 주사위만을 다루고자 한다. 알다시피 주사위는 정육면체 모양이며 대체로 모서리와 꼭짓점이 둥글게 되어 있다. 주사위의 주요한 특징은 각 면에 있는 점의 패턴으로서, 이 점의 개수가 1, 2, 3, 4, 5, 6을 나타낸다. 서로 마주한 면에 있는 점들을 합하면 7이 되도록 면들은 1과 6, 2와 5, 3과 4의 세 가지 쌍으로 이루어진다. 정육면체의 회전 방향에 따라 이런 특성을 가진 배열은 단 두 가지만 가능한데(그림 1), 하나는 다른 하나의 거울 영상이다. 요즘 서구에서 제조되는 거의 모든 주사위는 그림 1a와 같은데, 여기서 면 1, 2, 3은 공통의 축을 따라 시계 반대 방향으로 도는 순서로 배열되어 있다. 내가 들은 바에 따르면, 일본에서는 이런 방향의 주사위가 마작을 제외한 모든

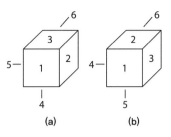

그림 1 주사위에 숫자를 매기는 두 가지 방식

도박에서 쓰이며, 마작에서만 그림 1b의 거울 영상 주사위가 쓰인다고 한다. 동양의 주사위는 숫자 1에 해당하는 점이 훨씬 더 크며, 어떤 점들은 각 문화에 따라 검은색 대신 붉은색일 수도 있다.

　주사위는 종종 쌍으로 던져지는데, 이렇게 함으로써 생기는 중요한 결과가 바로 어떤 특정한 합을 얻을 확률이다. 이 확률을 계산하려면, 먼저 주사위가 '공정'하다는 가정 아래, 즉 던졌을 때 각 면이 위가 될 확률이 1/6일 때 어떤 특정한 합을 얻는 방법이 몇 가지인지를 알아낸다. 그 다음에 그 합을 주사위 쌍의 전체 가짓수인 36으로 나눈다. 전체 가짓수를 정할 때 어느 주사위인지를 구별해 고려한다. 이때 한 주사위는 붉은색이고 다른 주사위는 파란색이라고 상상하면 도움이 된다. 그러면 예를 들어 합이 12인 경우는 오직 한 가지 방식, 즉 빨간색 주사위=6, 파란색 주사위=6일 때에만 나타난다. 따라서 합이 12일 확률은 1/36이다. 한편 합이 11인 경우는 두 가지 방식, 즉 빨간색 주사위=6, 파란색 주사위=5, **또는** 빨간색 주사위=5, 파란색 주사위=6일 때 나타난다. 따라서 합이 11일 확률은 2/36(1/18)이다.

　당연한 말 같지만, 주사위는 대체로 서로 구별할 수 없으며 색칠을 한다는 것도 조금은 억지스럽다. 위대한 수학자이자 철학자인 고트프리트 빌헬름 폰 라이프니츠(Gottfried Wilhelm von Leibniz)와 같은 걸출한 사상가조차도 11과 12가 나올 확률이 똑같다고 생각했다. 그는 합이 11이 나오는 경우는 오직 한 가지, 즉 한 주사위=6, 다른 주사위=5일 때라고 주장했다. 하지만 이런 식의 생각에는 여러 가지 문제점이 있다. 그중 가장 중요한 문제점은 실제 실험 결과와 맞지 않는다는 사실일 것이다. 실제로 던져 보면 11은 12보다 두 배나 자주 나온다. 이런 생각에 따를 때의 또 다른 문제점은 두 주사위가 어떤 합을 내는 확률들의 총합이 1보다 작다는 있을 수 없는 결론에 이르게 된다는 것이다. 만약 이런 해석이 싫다면 12가 나올 확률이 1/36보다 더 커져야 한다는 어처구니없는 결론이 나온다.

그림 2는 2부터 12까지 모든 합에 대한 확률을 보여 준다. 확률

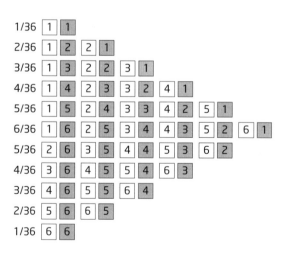

그림 2 두 주사위를 던질 때 나오는 합들의 확률

미로 속의 암소

이 이렇게 정해진다는 사실을 직관적으로 알아차리는 것이 결정적으로 중요한 게임이 바로 1890년대부터 시작된 크랩스(craps)이다. 크랩스 게임의 경우, 주사위를 던지는 사람인 슈터는 일정액의 돈을 내놓는다. 나머지 사람들은 그것을 '페이드(fade)', 즉 자신들이 내고 싶은 만큼의 돈을 건다. 만약 페이드된 돈의 총액이 슈터가 원래 건 액수보다 적으면 슈터는 그 총액에 맞추어 자신이 건 돈을 줄인다. 그런 다음에 슈터가 두 주사위를 굴린다. 만약 처음 굴렸을 때 점수(두 주사위의 합)가 7이나 11(내추럴, natural)이면 곧바로 이긴다. 점수가 2(스네이크 아이스, snake eyes), 3 또는 12(크랩스, craps)면 진다. 한편 슈터의 처음 점수가 4, 5, 6, 8, 9, 10 중 하나면 이것이 그의 '포인트'가 된다. 슈터는 7(크랩스 아웃, crabs out)이 나오기 전까지 포인트를 얻기 위해 계속 주사위를 굴린다. 만약 7이 나오기 전에 포인트가 다시 나오면 게임에서 이기고 포인트가 나오기 전에 7이 나오면 진다.

그림 2를 바탕으로 몇 가지를 고려해 계산하면, 슈터가 이길 확률이 244/495, 대략 49.3퍼센트임을 알 수 있다. 이것은 비김(50퍼센트)보다 약간 낮다. 전문 도박사는 두 가지 방법을 써서 이런 약간의 불리함을 유리함으로 바꿀 수 있다. 한 방법은 배당률에 대한 우월한 지식을 활용해, 본 게임 내에서 다른 플레이어들과 다양한 '부차적 판돈 걸기'를 허용하거나 거절하는 것이다. 또 한 가지는 속임수, 즉 빠른 손놀림으로 숨겨둔 주사위를 꺼내서 게임에 집어넣는 방법이 있다.

주사위를 속이는 방법은 여러 가지가 있다. 주사위의 면을 교묘하게 깎아서 모서리가 직각이 안 되게 만들 수 있으며 또한 어떤 면을 더 '무겁게' 만들 수도 있다. 이렇게 하면 어떤 면이 다른 면보다 더 잘 나오게 된다. 더욱 극적인 예로, 표준의 주사위 대신 '톱스 (tops)'라는 주사위를 쓸 수도 있다. 이 속임수용 주사위에도 여러 유형이 있다. 예를 들어 반대쪽 면에 같은 개수의 점을 그려 주사위 전체에 점의 개수가 단 세 가지밖에 없는 주사위가 있다. 그림 3의 주사위를 보자. 그림 3에 나오는 주사위는 점의 개수가 1, 3, 5개뿐인 면으로 이루어져 있다. 주사위 게임에 참가하는 사람들은 각자 어느 특정한 순간에 최대 3개의 면만 보는 데다 톱스의 이웃한 어느 두 면도 점의 개수가 같지 않기 때문에, 얼핏 보면 속임수가 전혀 드러나지 않는다. 하지만 모든 꼭짓점에서 '일정하게' 도는 방향으로 숫자를 배열할 수는 없다. 즉 그림 3에서처럼 만약 135 순서가 한 꼭짓점을 축으로 반시계 방향이라면, 이웃 꼭짓점에서는 135가 분명 시계 방향이 되고 만다. 따라서 눈치 빠른 사람이라면 속임수를 알아낼 수 있다.

톱스는 여러 가지 목적으로 크랩스에서 쓰일 수 있다. 예를 들어 135만 있는 주사위 쌍에서는 7이 나올 수 없기에 이런 주사위를 쓰는 사람은 절대 지지 않는다. 또 135 주사위 하나와 246 주사위 하나를 함께 던지면 짝수 합이 나올 수 없기에, 이런 주사위를 쓰면 4, 6,

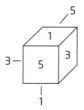

그림 3 '톱스'. 속이는 주사위의 한 방법.

미로 속의 암소

8 또는 10의 포인트는 나올 수 없다. 톱스는 들키지 않을 상황에서 조심스레 사용해야 한다. 아무리 순진한 사람이라도 계속 주사위 눈의 합이 홀수만 나오면 언젠가는 왜 그런지 의아하게 여기게 마련이다. 그래서 속임수 주사위는 대체로 잠시 판을 유리한 상황으로 몰고 가기 위해 가끔씩 꺼내 쓰다가 집어넣고는 한다. 속임수 주사위의 다른 유형 중에는 한 가지 눈만 두 배로 자주 나오는 '한 방향 톱스'란 것도 있다. 주사위의 점 배열을 즉시 알아차리는 것은 전문 도박사의 필수 지식이다. 그래야 톱스인지 알아내는 데 도움이 되기 때문이다.

여러 마술이나 장기자랑 트릭에도 주사위가 사용된다. 이들 중 상당수는 서로 마주보는 면들의 눈의 합이 7이라는 규칙을 이용한다. 가드너는 『수학 마술쇼(*Mathematical Magic Show*)』에서 그중 하나를 설명하고 있다. 마술사는 뒤돌아선 채 관객 중 한 명에게 표준적인 주사위 3개를 굴려서 나온 윗면의 눈금을 합하라고 한다. 그 다음에 마술사는 조금 후 자신의 마술에 농락당하게 될 그 관객에게 세 주사위 중 아무거나 하나를 집어서 바닥 면의 눈을 조금 전에 합한 값에 더하라고 한다. 마지막으로 관객은 처음에 선택한 주사위를 다시 굴려서 나온 윗면의 눈을 바로 전에 합한 값에 더한다. 이제 마술사는 관객 쪽으로 몸을 돌리더니 합한 값이 얼마인지를 즉시 말한다. 어떤 주사위를 골랐는지 전혀 모르는데도 말이다.

어떻게 된 것일까? 세 주사위의 눈금이 a, b, c이고, a 주사위를 집었다고 하자. 첫 합계는 $a+b+c$이다. 여기에 $7-a$가 더해지면 $b+c+7$이 된다. 그 다음에 a 눈금이 나온 주사위를 다시 굴려 d의 눈금이 나왔다면 최종 합계는 $d+b+c+7$이다. 마술사가 돌아섰을 때 보이는 세 주사위의 눈의 합이 바로 $d+b+c$이다. 따라서 마술사는 이 값에 재빨리 7만 더하면 그만이다.

헨리 어니스트 듀드니(Henry Ernest Dudeney)는 영국의 위대한 퍼즐 전문가로서 자신의 책『수학의 즐거움(Amusements in Mathematics)』에서 여러 종류의 트릭 중 하나를 소개하고 있다. 이번에도 마술사는 뒤돌아서서 관객에게 3개의 주사위를 던지라고 한다. 이번에 농락당할 관객에게는 첫 번째 주사위의 값에 두 배를 한 다음 5를 더하라고 한다. 그리고 그 결과에 5를 곱한 후에 두 번째 주사위의 눈을 합하라고 한다. 이어서 그 결과에 10을 곱한 다음 세 번째 주사위의 눈을 합하라고 한다. 이 결과를 듣자마자 마술사는 세 번째 주사위의 눈이 무엇인지 즉시 말한다. 물론 그 결과는 $10(5(2a+5)+b)+c$, 즉 $100a+10b+c+250$이다. 마술사가 이 결과에서 250을 빼고 남은 세 자리 수가 주사위들의 각각의 눈이다(만약 결과 값이 325라면 첫 주사위는 3, 둘째는 2, 셋째는 5의 눈이라는 뜻이다. ― 옮긴이).

주사위로 하는 게임에는 무작위적인(random) 요소가 포함되지 않는다. 무작위적인 요소가 포함된 게임의 한 예로, 한 명이 '목표' 수를 정하면서 시작되는 게임이 있다. 예를 들어 그 목표 값을 40이라고 하자. 다른 사람이 테이블에 1개의 주사위를 올려놓는다. 이 주사위의 윗면 눈금이 3이라고 하자. 이것이 누적 합계의 시작 값이다. 이제 또 다른 사람이 그 주사위를 90도 돌리는데, 그러면 여기서는 1, 2, 5, 6의 눈 중 하나가 나온다(그림 1의 a를 보면 윗면 눈이 3, 그 네 옆면의 눈이 1, 2, 5, 6이다. 주사위를 던져서 굴리는 것이 아니라 90도 돌려서, 즉 네 옆면 중 하나로 젖힌다는 뜻이다. ― 옮긴이). 어떤 눈이 윗면으로 나오든 그 값을 누적 합계에 더한다. 예를 들어 만약 두 번째 사람이 그 주사위를 돌려 2가 나오면, 누적 합계는 3+2=5가 된다. 사람들이 번

갈아서 원하는 방향으로 그 주사위를 90도 돌리면, 누적 합계가 계속 커진다. 누적 합계를 목표 값보다 크게 만드는 사람이 지게 된다.

이런 게임을 분석하는 체계적인 방법이 있는데, 내가 쓴 책인 『나를 사로잡은 또 하나의 멋진 수학(*Another Fine Math You've Got Me Into*)』에 그 방법이 자세히 설명되어 있다. 기본 개념은 게임의 자리(position)를 '이김'과 '짐'의 두 부류로 나눈 다음에 아래의 두 원리를 이용해 끝에서부터 거꾸로 살펴보는 것이다.

- 만약 현재 자리에서 **어떠한** 눈을 내더라도 (다른 사람이) 이기는 상태가 된다면, 현재 자리는 지는 자리이다.
- 만약 현재 자리에서 **어떤** 눈을 내서 (다른 사람이) 지는 상태가 된다면, 현재 자리는 이기는 자리이다.

예를 들어 현재 누적 합계가 39인데 1의 눈이 윗면인 상황이라면, 그다음 사람은 40을 넘을 수밖에 없다. 다른 사람이 지는 자리이므로 이 자리는 이기는 자리이다. 실제로 이 게임에서 이기려면 적절한 눈을 내야 한다.

이 계산을 하는 최상의 방법은 현재 누적 합계와 목표 사이의 차이, 즉 현재 단계에서의 '유효 목표'를 알아내는 것이다. 위의 사례에서는 유효 목표는 40-39=1이며, 다음 사람이 어떤 눈을 내더라도 유효 목표를 넘어선다. 한편, 유효 목표가 1이면서 2의 눈이 윗면인 상황이라면, 다음 사람은 1의 눈이 윗면이 나오도록 주사위를 돌릴 수 있다. 그러면 이 사람이 이기게 된다.

아래 도표에 유효 목표가 0에서 25 사이인 경우에 대해 이 게임의 여러 상황이 요약되어 있다. 여기서 상태, 즉 윗면의 눈은 가로줄의 맨 왼쪽에 나와 있고, 유효 목표는 세로줄의 제일 위에 나와 있다. 각 세로줄의 경우, 지는 자리에는 'L'이 적혀 있고 이기는 자리에는 이기는 수(눈)의 목록이 나와 있다. 상태 1과 6은 효과상 동일하다는 점에 유의한다. 왜냐하면 이 두 상태는 모두 2, 3, 4, 5의 눈을 낼 수 있기 때문이다. 상태 2/5와 3/4도 마찬가지이다. 따라서 도표에는 세 가지 상태만 나와 있다.

유효 목표	1	2	3	4	5	6	7
1 또는 6	L	2	3	4	5	3	2, 3, 4
2 또는 5	1	1	3	4	L	3, 6	3, 4, 6
3 또는 4	1	1, 2	L	L	5	6	26

유효 목표	8	9	10	11	12	13	14	15	16
1 또는 6	4	L	5	2, 3	3, 4	4	5	3	2, 3, 4
2 또는 5	4	L	1	3	3, 4	4	L	3, 6	3, 4
3 또는 4	L	L	1, 5	2	L	L	5	6	2

유효 목표	17	18	19	20	21	22	23	24	25
1 또는 6	4	L	5	2, 3	3, 4	4	5	3	2, 3, 4
2 또는 5	4	L	1	3	3, 4	4	L	3, 6	3, 4
3 또는 4	L	L	1, 5	2	L	L	5	6	2

이 도표들에서 두드러지게 나타나는 주요 특징은 17~25 세로줄의 내용이 8~16 세로줄과 같다는 것이다. 이 패턴은 일단 갖춰지고 나면 무한 반복된다. 따라서 26~34, 35~43, 44~52 등의 세로줄의

내용도 8~16 세로줄과 같다. 그 이유는 다음과 같다. 어떤 눈이 나와도 유효 목표를 최대 6까지로 줄이기에 어떤 특정 세로줄 속의 항목들은 자기 왼편에 있는 6개의 세로줄 속의 항목들에게만 의존한다. 따라서 6개 (또는 그 이상)의 연속된 세로줄 블록이 이전 블록에서 나온 항목들을 되풀이한다면, 그 패턴은 분명 무한정 반복된다.

그러한 반복은 이런 종류의 모든 게임에서 나타난다고 예상할 수 있다. 왜냐하면 이런 게임들에서는 있을 수 있는 세로줄의 개수가 한정되어 있기 때문이다. 하지만 위의 경우에는 반복되는 블록이 아주 일찍 나타나고 그것도 매우 짧아서 다행이다. 이를 통해, 비록 직관적으로는 알 수 없지만, 이기는 전략을 완벽하게 짤 수 있다. 목표 값을 정한 다음에 0~16의 범위에 처음 도달할 때까지 그 값에서 9를 반복해서 뺀다. 그 결과 나온 값의 세로줄을 살펴서 이기는 자리인지 지는 자리인지를 알아보고 만약 이기는 자리라면, 이기는 것으로 나와 있는 수 가운데 하나를 둔다(이기는 눈이 나오도록 주사위를 90도 돌린다는 뜻이다. ─ 옮긴이).

예를 들어 목표 값이 1000이라고 하자. 9를 반복적으로 빼다 보면 19에 이른다. 이 값도 16보다 크므로 9를 한 번 더 빼서 최종적으로 10에 이르면 멈춘다. 10의 세로줄을 보면 세 가지 상태 모두 이기는 수가 있다. 만약 상태가 1/6이면 주사위를 돌려 5가 나오게 하면 되고 상태가 2/5이면 1이 나오게 하면 되며 상태가 3/4이면 1이나 5가 나오게 하면 된다. 이 과정을 계속 반복하면 기필코 이기게 된다.

만약 안타깝게도 처음 자리가 지는 자리라면, 상대편이 이 전략을 모르기를 바라야 된다. 당신이 원하는 수를 두고 나서, 다른 이들이 자신들의 수를 둘 때까지 기다린 후에 계산을 다시 한다. 재빨리 이기는 자리에 다다르고 나면, 기적이 일어나지 않는 한 그 후로는 당신이 게임을 완벽히 장악하게 된다. 어느 정도 노력을 하면 도표의 내용을 모두 기억할 수 있다. 아니면 좀 더 단순화시켜서, 도표 전부가 아니라 각 상태 별로 한 가지씩 이기는 수를 기억해도 좋다. 실제로 민첩하게 그렇게 한다면, 11번째 이후의 세로줄 전부를 무시해도 된다. 그러면 익혀야 할 내용이 제대로 관리할 수 있는 정도로 줄어든다.

다른 주사위 문제로, 비표준적인 눈으로 변형된 주사위를 들 수 있다. 예를 들어 2개의 주사위에 눈을 표시하는데, 오직 0, 1, 2, 3, 4, 5, 6만을 써서 두 주사위 눈의 합이 1부터 12까지 똑같은 확률로 나오도록 할 수 있을까? (이 장의 맨 뒤에 답이 나와 있다.) 아마 가장 직관에 반하는 주사위 현상은 '비이행적(non-transitive, A와 B 사이의 관계가 B와 C에도 성립하지만, A와 C 사이에서는 성립할 수도 있고 아닐 수도 있다는 뜻이다. — 옮긴이) 주사위'일 것이다. 3개의 주사위 A, B, C에 아래와 같이 눈금을 매긴다.

A: 3 3 4 4 8 8
B: 1 1 5 5 9 9
C: 2 2 6 6 7 7

높은 눈을 내는 쪽이 이기는 게임을 할 경우 결국 B가 A를 이긴다. 실제로 B 주사위의 눈이 A 주사위의 눈보다 더 높게 나올 확률은 5/9이다. 마찬가지로 C가 B를 5/9의 확률로 이긴다. 따라서 분명 C가 A를 이길 것이다. 당연히 그렇지 않을까? 하지만 그렇지 않다. A

미로 속의 암소

가 C를 5/9의 확률로 이긴다. 아래 도표들을 보면 이것이 옳음을 알 수 있다. 이 도표들은 주사위의 각 조합에 대해 승자를 나타낸다. B와 C가 맞붙는 경우에는 도표의 두 번째 배열을 보면 된다. B가 5의 눈이 나오고 C가 6이 나온다고 하자. 그러면 C의 눈이 더 높기에 C가 이긴다. 따라서 두 번째 배열의 세로줄 5 가로줄 6에는 C라고 적혀 있다.

	A	3	4	8
B				
1		A	A	A
5		B	B	A
9		B	B	B

	B	1	5	9
C				
2		C	B	B
6		C	C	B
7		C	C	B

	C	2	6	7
A				
3		A	C	C
4		A	C	C
8		A	A	A

첫째 배열에서는 B가 5개이고 A가 4개이므로, 내가 주장한대로 B가 A를 5/9의 확률로 이긴다. 둘째 배열에서는 C가 5개이고 B가 4개이므로, C가 B를 5/9의 확률로 이긴다. 셋째 배열에서는 A가 5개이고 C가 4개이므로, A가 C를 5/9의 확률로 이긴다.

이런 주사위 한 벌을 갖고 있으면 큰돈을 벌 수 있다! 상대방에게 이 세 주사위 중 하나를 고르게 하고, 당신은 그것을 이기는(비김보다 확률이 더 크므로 결국에는 이기게 되는) 주사위를 고른다. 이런 게임을 반복한다. 그러면 모든 게임에서 55.55퍼센트의 확률로 당신이 이기게 된다. 상대방은 '최상의' 주사위를 자기 마음껏 고르는 혜택밖에 없다!

하지만 주의할 점이 있다. 게임의 규칙을 아주 정확히 정해 놓지 않고서 확률 이론에 **너무** 크게 의존해서는 안 된다. 이바 에켈랑(Ivar

Ekeland)은 자그마하지만 훌륭한 자신의 책 『부서진 주사위(*Broken Dice*)』에서 두 노르딕 왕이 분쟁 지역인 한 섬의 운명을 결정하기 위해 주사위 놀이를 벌인 이야기를 들려준다. 2개의 주사위를 굴려 둘 다 6이 나왔을 때 스웨덴 왕은 상대방이 이 점수를 넘을 수는 없을 거라며 의기양양해했다. 노르웨이의 올라프 왕은 거의 포기할 지경이었다. 하지만 올라프 왕은 자신도 둘 다 6이 나올지 모른다고 중얼거리면서 두 주사위를 던졌다. 하나가 떨어져 6이 나왔고, 다른 하나는 두 조각으로 쪼개져 그중 하나는 1이 다른 하나는 6이 나왔다. 합이 13이었다! 이 이야기에서 드러나듯이, 게임을 어떻게 구성하느냐에 따라 불가능한 것도 가능해질 수 있다.

만약 이 이야기가 사실이라면 올라프 왕은 아주 운이 좋았던 셈이다. 몇몇 비아냥대는 사람들은 올라프 왕이 속임수를 써서 전부 꾸민 짓이라고도 한다.

많은 독자들이 자신들이 직접 3개의 '비이행적' 주사위 세트를 만들어서 1997년 11월 칼럼에 보냈다. 내 주사위의 면들은 다음과 같다(눈금이 각각 두 번씩 나옴). A:(3, 4, 8), B:(1, 5, 9), C:(2, 6, 7). 그러면 B는 A를 5/9의 확률로 이기고 C는 B를 5/9의 확률로 이기며 A는 C를 5/9의 확률로 이긴다. 플로리다 주의 게링 사에 근무하는 조지 트레팔(George Trepal)은 이 숫자 세트를 적절히 배열하면 마방진, 즉 가로줄의 합, 세로줄의 합 그리고 대각선의 합이 모두 같아지는 숫자 배열을 구성할 수 있음을 알려 주었다. 다음이 그 마방진이다.

$$8 \quad 1 \quad 6$$
$$3 \quad 5 \quad 7$$
$$4 \quad 9 \quad 2$$

더군다나 흥미로운 '이중성(duality)'도 나타난다. 이 마방진의 가로줄을 주사위의 면으로 써서 A:(8, 1, 6), B:(3, 5, 7), C:(4, 9, 2)를 만든다. 이번에도 비정통적인 삼면체 주사위 대신에 육면체 주사위를 원한다면 한 눈을 두 번씩 표시하면 된다. 그 결과 생긴 주사위 세트도 비이행적이어서, A가 B를 5/9의 확률로 이기고 B가 C를 5/9의 확률로 이기며 C가 A를 5/9의 확률로 이긴다.

한편 다음 마방진의 경우에는,

$$8 \quad 1 \quad 9$$
$$7 \quad 6 \quad 5$$
$$3 \quad 11 \quad 4$$

흥미롭게도 다른 결과가 나온다. 세로줄들에 대해서, A가 B를 6/9의 확률로 이기고, B가 C를 6/9의 확률로 이기며 C가 A를 5/9의 확률로 이긴다. 가로줄들의 경우에는, B가 A를 5/9의 확률로 이기며 C가 B를 5/9의 확률로 이기며 A가 B를 5/9의 확률로 이긴다.

가장 작은 수를 이용해 만든 트레팔의 가장 멋진 주사위 세트인 A:(1, 4, 4), B:(3, 3, 3), C:(2, 2, 5)는 6/9, 6/9, 5/9 패턴을 따른다. 시카고 대학교의 잴먼 우시스킨(Zalman Usiskin) 교수는 당연히 궁금할 법한 다음 질문을 던지고 그 답을 내놓았다. 5/9보다 더 큰 확률로 이길 수는 없을까? 더 정확히 말해, 비이행적인 부정한 육면체 주사위가 주어져 있을 때, 세 쌍 모두 최소한 p 확률로 이기게 되는 최대 확률 p는 무엇일까? 여기서 '부정한' 주사위란 특정 눈이 나올 확률이 동일하지 않다는 뜻이다. 이 질문의 답에는 유명한 다음 황금의 수가 관련된다.

$$\emptyset = \frac{1+\sqrt{5}}{2\emptyset}$$

다음 상황을 가정해 보자.

A는 $\emptyset-1$의 확률로 4의 눈이 나오고 $2-\emptyset$의 확률로 1의 눈이 나온다.
B는 언제나 3의 눈이 나온다.
C는 $\emptyset-1$의 확률로 2의 눈이 나오고 $2-\emptyset$의 확률로 5의 눈이 나온다.

그렇다면 A가 B를 이기고 B가 C를 이기며 C가 A를 이길 확률은 세 경우 모두 $\emptyset-1$, 즉 대략 0.6180이다. 이것은 5/9=0.555보다 매우 큰 값으로서 가능한 가장 크게 이길 확률이다.

정직한 주사위도 면의 개수가 많고 각 수를 적절히 여러 번 반복하면 부정한 주사위처럼 될 수 있다. 면이 20개인 이십면체를 사용해 다음과 같이 구성하면 16/25=0.64의 이기는 확률을 얻을 수 있다.

A는 12개 면의 눈이 4이고 8개 면의 눈이 10이다.

B는 20개 면 전부 눈이 30이다.

C는 12개 면의 눈이 2이고 8개 면의 눈이 50이다.

해답

1부터 12까지 모든 합계가 같은 확률로 나오는 2개의 주사위를 만들려면, 한 주사위는 눈이 1, 2, 3, 4, 5, 6이고 다른 주사위는 눈이 0, 0, 0, 6, 6, 6이어야만 한다.

웹사이트

전반적인 내용

http://en.wikipedia.org/wiki/Dice

http://mathworld.wolfram.com/Dice.html

비이행적 주사위

http://en.wikipedia.org/wiki/Nontransitive_dice

2

다각형 프라이버시

수학에서 가장 어려운 문제들 중 일부는
일상생활에서 영감을 받은 것이다. 울타리를
치는 단순한 일에서 지금껏 아무도 풀지 못한
문제가 나오게 되리라고 어느 누가 생각했겠는가?

단순하지만 아직까지 풀리지 않은 문제들로 넘쳐 나는 아주 매력적
인 수학 분야로 조합 기하학을 들 수 있다. 그런 문제들의 풀이는 가
능한 한 가장 효과적으로 어떤 목적을 이루게 하는 직선, 곡선 또는
기타 기하학적 형태의 배열을 찾는 것이 목표이다. 예를 들어 어미
벌레 담요 문제[1]는 이렇게 묻는다. 단위 길이의 곡선이 어떤 모양이
든 그 곡선을 포함할 수 있는 가장 작은 넓이의 형태는 무엇인가? 이
제껏 많은 후보 형태들이 제시되었지만 아직 어느 것도 최소한의 넓
이를 가진다고 증명되지 않았다. 그리고 이 문제는 해답이 결코 없을

가능성도 있다. 취미삼아 수학을 연구하는 사람에게는 그런 문제들이 매우 재미있을 수 있다. 실험과 독창성을 발휘해 볼 여지가 많기 때문이다. 어떤 특정 형태가 가능한 최상의 것임을 증명할 수는 없더라도 이전에 알려져 있던 형태를 향상시킬 방법을 찾을 수도 있다.

이번 장에서는 '오페이크(opaque, 빛의 투과를 막는 불투명한 도료) 정사각형 문제'로 알려진 퍼즐을 집중적으로 다루고, 이것에서 변형된 흥미진진한 여러 문제들도 아울러 다룬다. 내가 이 문제에 관심을 갖게 된 것은 퀼른 대학교의 베른트 카볼(Bernd Kawhol) 교수 덕분이었다. 이번 장의 논의도 그가 보내 준 논문에 바탕을 두고 있다. 여러분에게 정사각형 모양의 땅이 있고, 설명을 단순화하는 차원에서 그 테두리는 단위 길이라고 가정하자. 여러분은 프라이버시 보호를 위해 어떤 시선도 그 땅을 통과하지 못하도록 차단할 울타리를 치고자 한다. 게다가 돈을 절약하기 위해 울타리의 길이를 가능한 한 짧게 만들면서도 모든 시선을 차단하고 싶다. 울타리를 어떤 모양으로 하면 될까?

울타리는 여러분이 원하는 바에 따라 서로 다른 여러 조각들이 결합되어 복잡한 모양일 수 있다. 울타리 조각들은 휘어 있을 수도 있고 곧을 수도 있다. 사실, 울타리는 '길이'라는 개념의 일반적인 뜻에 맞기만 하면 어떤 모양이든 될 수 있다.

아마 가장 확실한 해답은 전체 테두리 주위에 울타리를 세우는 것이며, 이때 전체 길이는 4가 된다(그림 4a). 조금 더 생각해 보면 더 나은 방법이 있다. 즉 한쪽 면을 없애서 4개의 꼭짓점이 있는 U자 모양을 만드는 것이다(그림 4b). 그러면 길이가 3으로 줄어든다. 사실, 울타리가 **단일한** 다각형 또는 곡선이어야 한다는 가정이 하나 더 추

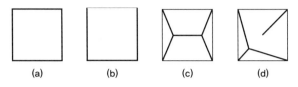

그림 4 정사각형일 경우 오페이크 울타리

가된다면, 이것이 가장 짧은 울타리이다. 왜 그럴까? 정사각형을 밖에서 보이지 않게 만들 울타리는 어떤 것이든 4개의 꼭짓점이 포함되어야 하는데(그렇지 않으면 '시선'이 한 꼭짓점을 통과해 버리고 만다.) 네 꼭짓점 모두를 포함하는 가장 짧은 단일 곡선은 정사각형의 세 면으로 이루어진 것이기 때문이다.

하지만 그림 4c에서처럼 길이가 $1+\sqrt{3}=2.732$인 더 복잡한 울타리도 존재한다. 직선들 사이의 각도는 모두 120도이다. 이런 식으로 울타리가 연결된 배열을 슈타이너 트리(Steiner tree)라고 하는데, 120도 각도가 나무의 길이를 최대한 짧게 만든다는 사실은 오래전부터 알려져 왔다.[2] 이것이 가장 짧게 **연결된** 울타리이다. 하지만 이게 다가 아니다. 만약 울타리를 연결되지 않은 여러 개의 조각으로 나누는 경우가 허용된다면, 전체 길이는 그림 4d에서처럼 2.639로 줄어들 수 있다. 여기서 그림의 왼쪽 아래의 세 직선은 이번에도 120도로 서로 만난다. 이 마지막 방법이 가장 짧은 울타리라고 여겨지지만, 아직 어느 누구도 증명해 내지는 못했다.

더군다나 가장 짧은 시선 차단용 울타리가 존재하는지조차 증명되지 않았다. 이것의 존재 증명과 관련해 주요한 문제점은 울타리를 복잡하게 만들수록 길이를 계속 줄이기가 (아마도!) 가능할지 모른다는 점이다. 밴스 페이버(Vance Faber)와 얀 미치엘스키(Jan Mycielski)는 연결된 구성 부분들의 개수가 몇 개이든 그 개수에 대해 가장 짧은 울타리가 존재함을 증명해 냈다. 아직 밝혀지지 않은 내용은 구성 부분들의 개수가 무한정 커지면서 최소한의 길이가 계속 줄어드는지, 또는 구성 부분이 무한개인 울타리가 구성 성분이 많긴 하지만 유한개인 모든 울타리들보다 더 나은 결과를 낼 수 있는지의 여부이다. 이 두 가지 모두 가능할 것 같지 않지만, 아직 증명되지 않았기에 둘 다 배제할 수는 없다.

카볼은 그림 4d가 정확히 2개의 구성 부분을 갖는 가장 짧은 울타리임을 멋지게 증명해 냈다. 우선 그는 한쪽 구성 부분이 정사각형의 세 꼭짓점을 포함해야 하며 다른 구성 부분이 나머지 꼭짓점을 포함해야 함을 보여 준다. 따라서 첫 번째 구성 부분은 세 꼭짓점을 잇는 가장 짧은 슈타이너 트리인 셈이다. 이것은 그림의 왼쪽 아래에 나와 있는 모양이다. 이 형태의 볼록 다각형(convex hull, 이 형태를 포함하는 가장 작은 볼록한 영역)은 정사각형을 대각선을 따라 둘로 자를 때 생기는 삼각형이다. 두 번째 구성 부분은 네 번째 꼭짓점을 이 삼각형과 잇는 가장 짧은 직선이어야 하는데, 이것은 분명 그 꼭짓점에서 정사각형의 중심까지 그어진 대각선이다.

정사각형 이외의 다른 형태는 어떨까? 땅이 이등변삼각형이라면 밖에서 보이지 않게 가리는 가장 짧은 울타리는 각 세 꼭짓점에서 삼각형의 중심을 잇는 직선으로 이루어진 슈타이너 트리이다(그림 5a). 만약 땅이 정오각형이라면 가장 짧은 울타리는 그림 5b처럼 세 구성 부분으로 이루어진다. 한 구성 부분은 정오각형의 이웃한 세 꼭짓점을 잇는 슈타이너 트리이다. 두 번째 구성 부분은 넷째 꼭

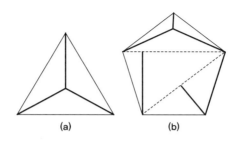

그림 5 이등변삼각형과 정오각형일 경우 오페이크 울타리

짓점에서 첫 세 꼭짓점으로 이루어진 볼록 다각형을 잇는 직선이다. 세 번째 조각은 마지막 꼭짓점에서 첫 네 꼭짓점으로 이루어진 볼록 다각형을 잇는 직선이다.

정육각형의 경우, 이제껏 알려진 최상의 울타리도 정오각형과 비슷하지만, 정육각형의 꼭지각이 120도이기 때문에, 슈타이너 트리는 서로 이어진 정육각형의 모서리들이 된다. 실제로 그것은 5개의 이웃한 꼭짓점을 잇는 4개의 연속된 모서리로 이루어진다. 그 다음에 울타리의 두 번째 구성 부분은 다섯 번째 꼭짓점에서 이전의 네 꼭짓점으로 이루어진 볼록 다각형을 잇는 가장 짧은 직선이다. 그리고 세 번째 구성 부분은 여섯 번째 꼭짓점에서 이전의 다섯 꼭짓점으로 이루어진 볼록 다각형을 잇는 가장 짧은 직선이다.

이 울타리가 최적인지는 증명되지 않았지만, 이런 방식을 확장시키면 변의 개수가 짝수인 임의의 정다각형에 대한 최소 길이의 울타리 구성을 짐작할 수 있다(그림 6). 정다각형을 정반대편 꼭짓점끼리 잇는 대각선을 따라 둘로 나눈다. 울타리의 첫 번째 구성 부분은 정다각형의 절반에 놓인 모든 모서리를 이어서 생기는데, 반원과 비슷한 다각형 모양이 된다. 두 번째 구성 부분은 그다음 꼭짓점을 첫 번

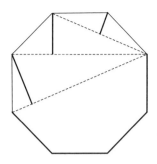

그림 6 변의 개수가 짝수인 정다각형의 경우 가장 짧은 것으로 짐작되는 오페이크 울타리

째 구성 부분으로 이루어진 볼록 다각형과 잇는 가장 짧은 직선이다. 세 번째 구성 부분은 그 다음 꼭짓점을 첫째 및 둘째 구성 부분으로 이루어진 볼록 다각형과 잇는 가장 짧은 직선이다. 이런 식으로 계속된다.

변이 아주 많은 다각형은 원과 매우 비슷하다. 따라서 원을 밖에서 보이지 않게 가리는 가장 짧은 울타리를 생각해 볼 수 있다. 단위를 적절히 선택함으로써 원이 단위 반지름을 갖는다고 가정할 수 있다. 그러면 생각나는 가장 단순한 울타리는 원둘레가 2π=6.283인 원이다(그림 7a). 하지만 울타리가 땅의 **바깥**에 놓일 수 있다면 더 나은 결과를 얻을 수 있다. 원둘레의 절반을 제거해 둘레가 π인 반원을 만들고, 그 두 끝점에서 반원에 접하면서 길이가 1인 두 직선으로 반원을 연장시켜 U자 모양을 만든다(그림 7b). 이것도 그 원에 대한 시선 오페이크 차단용 울타리의 하나이며, 길이는 π+2=5.142이다.

울타리가 단일 곡선, 즉 갈라진 점이 없고 전부 한 조각으로 이루어진 곡선이어야 할 경우에는 그림 7b가 가능한 가장 짧은 울타리

미로 속의 암소

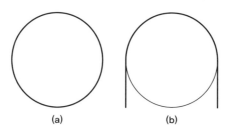

그림 7 원의 경우. (a) 원 자체를 감싸는 울타리. 반지름 1인 원의 경우 길이는 2π. (b) 더 짧은 울타리.
길이는 π+2.

임은 증명할 수 있다. '밖에서 보이지 않게 가리는' 성질을 또 다른
방식으로 살펴볼 수 있다.[3] 한 직선 파이프나 전화선이 어떤 특정한
점으로부터 1의 거리 내에서 지나간다는 사실이 알려져 있다고 가정
하자. 그것을 틀림없이 찾을 수 있도록 참호를 판다고 할 때, 가장 짧
은 참호를 파려면 어떻게 해야 할까? 파이프가 그 점을 중심으로 단
위 반지름의 원을 분명 지나간다는 사실을 알기에, 파이프는 그 원
에 대한 밖에서 보이지 않는 울타리와 반드시 닿는다. 그러므로 밖에
서 보이지 않게 하는 울타리 형태로 참호를 파야만 한다.

　이 문제의 참호 버전의 경우에는 참호를 당연히 원의 바깥으
로 나가게 하는 것이 허용된다. 하지만 울타리는 보통 이웃의 땅이
아니라 소유주의 땅 위에 세워진다. 카볼이 밝혀낸 바에 따르면, 단
위 반지름을 갖는 원의 내부에만 위치한, 가장 짧은 시선 차단용 울
타리도 길이가 π+2를 넘지 않는다. 그는 이를 밝히기 위해, 단위원
과 아주 비슷한 짝수 개의 많은 변을 가진 정다각형에 대해 가장 짧
은 것으로 짐작되는 울타리를 살펴보았다. 삼각 계산을 통해 그림

6에 나오는 형태와 같으면서 변이 더 많은 정다각형의 울타리 길이가 π+2에 매우 가까움이 증명된다. 변의 개수를 충분히 많게 하면 얼마든지 오차를 줄일 수 있다.

여기서 아마추어가 살펴볼 것이 많이 있다. 이 어림짐작 울타리가 정말로 가능한 가장 짧은 것인가 아니면 이보다 더 짧게 할 방법이 있을까? 이 어림짐작 해법에 관해 단 하나라도 증명되는 일이 있을까? 다른 형태, 예를 들어 임의적인 형태의 다각형(볼록한 것이든 아니든), 타원, 반원 등은 어떻게 될까? 그리고 오페이크 정육면체나 오페이크 구처럼 3차원에서 이 문제는 어떻게 될까? 이 경우에는 울타리의 전체 넓이를 최소화시키는 것이 목표이다.

---

1 『게임, 집합 그리고 수학(Game, Set and Math)』1장 참조.

2 『케이크 자르는 법(How to Cut a Cake)』12장 참조.

미로 속의 암소

피드백

마틴 가드너가 1990년에 오페이크 정육면체와 구에 관한 문제들을 제기했는데, 서스케하나 대학교의 케네스 브라케(Kenneth A. Brakke)가 1992년 그 문제들을 공략했다(책 뒤쪽의 「더 읽을거리」와 「웹사이트」를 참고하기 바란다.). 단위 정육면체에 대해 브라케가 내놓은 최상의 해답은 면적이 4.2324이다.

3

이기게끔
잇기

어떤 수학 게임들은 정말로 수학적인데,
이런 예로 헥스(Hex)만 한 것은 없다.
돌을 벌집 모양의 판 위에 올려놓고서
서로 마주보는 두 모서리를 잇기만 하면
된다. 쉬운가? 하지만 이 내용만 갖고서도
책 한 권을 쓸 수 있다.

시인 겸 수학자인 덴마크 인 한 명과 노벨상 수상자 한 명의 공통
점은 무엇일까? 가장 수학적인 보드 게임 중 하나를 고안해 냈다
는 것이 그 답이다. 오늘날 이 게임은 대체로 헥스라고 불리지만, 생
겨난 초기에는 여러 가지 이름으로 불렸다. 캐머런 브라운(Cameron
Browne)의 『헥스 전략(Hex Strategy)』은 헥스의 이모저모를 두루 살펴
보고 이기는 법을 소개하고 있다. 헥스는 적어도 컴퓨터 전쟁 게임만
큼 중독성이 있으며 그보다 훨씬 더 두뇌를 활발히 운동시켜 준다.
  헥스는 두 명이 하는 게임으로, 육각형의 작은 칸들이 마름모꼴

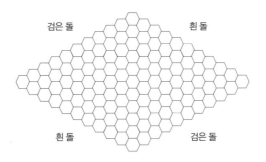

검은 돌　　　　흰 돌

흰 돌　　　　검은 돌

그림 8　헥스 보드

로 배열된 보드 위에서 진행된다(그림 8). 표준적인 보드 크기는 11×11이지만 다른 크기여도 게임 진행에 전혀 상관없다. 각 플레이어는 마주 보고 있는 두 변(모서리)을 '소유'한다. 꼭짓점에 놓인 총 4개의 칸은 공동 소유이다. 한 명은 한 무더기의 검은 돌을 갖고 다른 이는 한 무더기의 흰 돌을 갖는다. 동양의 보드 게임인 바둑에서 쓰는 돌이 이상적이다.

　　규칙은 놀랄 만큼 단순하다. 둘이 교대로 자신들의 돌 하나를 채워지지 않은 칸에 둔다. 누가 먼저 시작할지는 동전을 던지거나 다른 상호 합의된 방식에 따른다. 자신이 소유한 마주보는 두 변을 이을 수 있도록 돌을 연결하여 사슬을 만드는 쪽이 이긴다. 사슬은 추가적인 돌, 옆가지 또는 고리를 가질 수도 있다. 하지만 같은 색깔의 다른 돌들과 반드시 다 연결될 필요는 없다. 가장 중요한 것은 일련의 돌들이 한 변에서 다른 변으로 이어지는 길을 만드는 일이다. 얼핏 단순해 보이지만 실제로는 단순함을 가장하고 있을 뿐이다. 헥스는 아주 미묘한 게임이다.

　　헥스는 덴마크 수학자인 피에트 하인(Piet Hein)이 처음 고안해

　　　　　　　　　　　　　　　　　　미로 속의 암소

냈다. 그는 그룩(grook)이라는 형태의 짧은 시와 더불어 특이한 아이디어를 많이 낸 인물로도 유명하다. 그가 폴리곤(Polygon, 다각형)이라고 이름 붙인 이 게임은 1942년 12월 26일 덴마크의 신문인《폴리티켄(*Politiken*)》에 처음 등장했다. 수학자 존 내시(John Nash)는 1948년에 독자적으로 이 게임을 고안해 냈다. 당시 그는 프린스턴 대학교의 대학원생이었다. 1969년에 내시는 경제학 부문에서 노벨상을 받았는데, 정확히 말하면 알프레드 노벨 기념 경제학의 스베리예스 리크스방크(Sveriges Riksbank) 상을 받았다. 자신이 고안한 게임 이론의 '내시 균형' 개념을 인정받아 상을 받게 된 것이다. 또한 그의 삶은 『뷰티풀 마인드(*A Beautiful Mind*)』라는 훌륭한 자서전의 소재가 되었다. 2001년에 이 책은 영화로도 만들어졌다. 러셀 크로(Russell Crow)가 내시 역을 맡은 이 영화는 네 부문에 걸쳐 오스카상을 수상했다. 프린스턴에서는 이 게임을 내시라고도 부르고 또 어떨 때는 존이라고 한다. 왜냐하면 이 게임이 종종 육각형의 화장실 타일 위에서 진행되기 때문이다.[4]

1950년대 중반 가드너는 자신의 「수학 게임」 칼럼에 헥스에 관한 글을 썼는데, 그의 글은 『사이언티픽 아메리칸에 실린 수학 퍼즐과 오락(*Mathematical Puzzles and Diversions from Scientific American*)』에 다시 수록되었다. 하룻밤 사이에 그 책은 전 세계의 거의 모든 수학과에서 대유행을 일으켰다. 예를 들어 1968년 내가 처음 대학원생으로서 워릭 대학교에 도착했을 때, 나를 비롯한 우리 모임은《매니폴드(*Manifold*)》라는 잡지를 펴내기 시작했다. 이 잡지 창간호의 앞뒤 표지에는 헥스 보드가 그려져 있고(각각 절반씩) 이에 대한 내용이 본문에 실려 있었다. 하지만 지금은 가드너가《사이언티픽 아메리칸》독자들에게 헥스를 설명한 지 40년 이상 지났으므로, 새로운 세대에게 그 게임을 다시 소개할 때라고 나는 생각한다.

게임을 수학적으로 단순히 분석해 보면 이렇다. 일단 한번 놓은 돌은 다시 빼내지 않기에 두는 수의 횟수는 유한하다. 즉 11×11 보드인 경우 최대 121수이다. 둘 중 한 명이 한 변에서 마주 보는 변으로 사슬을 이으면 반드시 상대방이 그 사슬을 끊게 된다. 따라서 직관적으로 파악하자면(쉽게 증명되지는 않지만), 결국 둘 중 어느 하나는 반드시 이기게 된다. 기본적인 사실은, 가령 흰색 편이 먼저 그런 사슬을 만들면 이로 인해 검은색 편은 이기는 사슬을 만들지 못하게 된다는 것이다.

흰 돌과 검은 돌이 보드를 다 채우면 둘 중 하나는 반드시 마주 보는 두 변을 잇는다는 이 '명백한' 사실을 증명하는 것은 무척 흥미진진한 문제이다. 확실히 두 색이 동시에 이길 수는 없다. 왜냐면 사슬들이 반드시 교차되기 때문이다. 또한 검은 돌이 맞은 편으로 이어지지 못한다면 흰 돌로 이어진 사슬이 틀림없이 가로막아서이기 때문이라고 볼 수 있다. 하지만 이것을 완벽하게 증명하는 일은 그리 쉽지 않다. 이에 관해 논의하기 위해, 검은 돌들은 두 검은 선을 잇는 사슬을 하나도 갖지 않는다고 가정하자. 그리고 검은 영역의 한 '구성 부분', 즉 한 검은 선과 (다른 검은 돌들에 의해) 연결된 모든 검은 돌들을 고려해 보자. 이제 이 영역의 '경계', 즉 이 영역과 바로 맞닿아 있는 모든 흰 돌들을 살펴보자. 확실히 이 흰 돌 집합은 두 흰 선들과 이어져 있음이 분명하다. …… 하지만 왜 그럴까?

대신에 우리는 둘 중 한 명에게는 승리 전략이 반드시 있다는 것을 증명할 수 있다. 그러면 위의 주장도 쉽게 따라온다. 실제로, 수

미로 속의 암소

를 적절히 두기만 하면 **먼저** 두는 사람이 언제나 이기게 됨을 증명할 수 있다. 내시가 알아낸 이 증명에는 '전략 훔치기'라는 일반적인 기법이 쓰인다. 이것에 대해 논의하기 위해, 흰 쪽이 먼저 두지만 나중에 두는 검은 쪽이 반드시 이기는 전략이 있다고 가정하자. 그렇다면 흰 쪽은 무진장 머리를 써서 그 전략이 무엇인지 알아낼 수 있다. 이제 흰 쪽은 나중에 두는 사람이 이긴다는 이 전략을 써서 다음과 같이 검은 쪽을 **이길** 수 있다. 흰 쪽은 아무 수나 둔 다음 금세 그것을 잊는다. 그러고 나서 검은 쪽이 게임을 시작하면 흰 쪽은 먼저 둔 사람이 아니라 나중에 둔 사람처럼 행동한다. 즉 검은 쪽이 어떤 수를 두든지, 흰 쪽은 나중에 두는 사람이 이긴다는 전략에 따라 올바른 응수를 한다. 하지만 한 가지 사소한 변경 사항이 있다. 때때로 그 전략에 따르다 보면, 흰 쪽은 처음에 '잊은' 수로 이미 채운 칸에 돌을 놓아야 할 상황이 생긴다. 하지만 그렇더라도 아무 문제가 없다. 돌을 놓고자 하는 칸이 흰 돌로 이미 채워져 있기에, 그 전략이 벌써 실시되었다고 보면 되기 때문이다. 따라서 흰 쪽은 채워지지 않은 칸에 새로운 수를 두면 되고 이것이 새로운 '잊은' 수가 된다.

　이런 식으로 계속하면 흰 쪽이 이기게끔 몰아갈 수 있다. 하지만 한 가지 특이한 점이 드러난다. 나중에 두는 사람이 이기는 전략을 이런 방식으로 도용함으로써, 검은 쪽이 무슨 수를 두든지 흰 쪽은 먼저 두어서 이기게 된다. 논리적으로 불가능한 이런 상황에서 벗어날 유일한 방법은 나중에 두는 사람이 이긴다는 전략이 존재하지 않는다고 보는 것이다. 이 게임은 유한하고 한 쪽이 결국에는 **반드시** 이기게 되므로, 먼저 두는 사람이 이기는 어떤 전략이 존재해야 한다는 뜻이 된다.

나중에 두는 사람은 먼저 두는 사람이 이기는 전략을 훔칠 수 없음을 주목하자. 또한 전략 훔치기는 체스와 같은 게임에서는 통하지 않는다는 사실을 명심하자. 체스에서는 그 전략에 따라 나중에 필요한 수들을 처음부터 이용할 수 없기 때문이다. 이 두 가지 사항을 유념하면 증명이 이해가 될 것이다.

　　얼핏 보기에 이 결과로 인해 게임은 무의미해지고 만다. 왜냐하면 두 플레이어 모두 그들이 완벽한 게임을 펼치면 누가 이길지 알기 때문이다. 하지만 다른 여러 게임에서도 비슷한 문제가 대두된다. 가장 인상적인 사례가 드래프트(미국인이 체커라고 부르는 게임에 대한 영국식 이름)인데, 오늘날 이 게임은 두 플레이어가 완벽하게 진행하면 비기게 된다는 사실이 알려져 있다. 이것을 밝혀내기 위해 컴퓨터를 이용해 조너선 섀퍼(Jonathan Schaeffer)가 고안해 실행한 증명에는 18년의 시간이 걸렸다. 주된 어려움은 돌의 배열과 생길 수 있는 선의 수가 어마어마하게 많다는 것이었다. 비록 완벽한 전략이 존재함이 증명되었지만, 합리적인 성인이라면 완벽한 전략과 상관없이 드래프트를 즐길 수 있다. 완벽한 전략은 너무 복잡해서 인간의 지능으로는 다른 도움이 없다면 그것을 실현할 수 없기 때문이다. 먼저 두는 사람이 헥스 게임을 언제나 이기게 된다는 증명은 이보다 더 실효성이 없다. 그것은 **오직** 이기기 전략이 존재한다는 사실만 밝혀낸 증명이어서, 매우 복잡하다고 짐작만 될 뿐 구체적인 이기기 전략을 알려주지 않는다. 실제로 이기기 전략이 알려진 가장 큰 보드 크기는 9×9로서, 마니토바 대학교의 양징(梁進, Yang Jing)이 알아낸 발견이다. 따라서 심지어 10×10 보드에서조차 먼저 두는 사람은 원리상으로는 자신이 이기게 됨을 알지만 실제로 어떻게 해야 하는지는 전혀 모른다. 그렇더라도 나중에 두는 사람에게 불공정할 수 있기 때문에 많은 사람들은 다음 규칙을 포함시키는 것을 허용한다. 즉 나중에 두는 사람은 일단 게임이 시작된 이후 새 칸에 두는 대신에, 맨 처음 놓인 돌을 자신의 돌로 바꾸기를 선택할 수 있다.

헥스의 미묘함에 대한 논의를 전부 다 하려면 책 한 권을 몽땅 바쳐도 모자란다. 그래서 나는 게임의 미묘함을 알리기 위해 두 가지 성질만 집중적으로 다루고자 한다. 첫째는 이 게임을 해 보려는 사람이면 누구나 금세 분명히 알게 되는 성질인데, 전략적 역할을 수행하기 위해 칸을 꼭 채우지 않아도 된다는 사실이다. 그림 9a는 다리를 보여 준다. 여기서 이웃하지 않은 두 칸(검은 돌이 놓인 칸)은 이 두 칸과 맞닿은 두 칸을 공유한다. 맞닿은 이 두 칸 모두가 흰 돌로 채워지지 않는 한, 검은 돌이 놓인 이 두 칸은 실질적으로 이미 연결된 상태이다. 왜냐하면 흰 쪽이 서로 맞닿은 두 칸 중 어느 하나에 둔다면, 곧바로 검은 쪽이 나머지 한 칸에 두면 되기 때문이다. 초보자를 갓 벗어난 사람들은 대체로 상대편이 알아차리지 못한 상태에서 다리를 잇는 사슬을 만들려고 한다. 하지만 다리는 결코 못 알아볼 수가 없다. 검은 돌의 다리는, 맞닿은 두 칸 중 하나에 흰 돌을 두면서 동시에 다른 곳에서 이기는 수로 위협하게 만들면 쉽게 끊어질 수 있기는 하지만 대체로 전혀 쉽지 않기에, 상대방이 너무 많은 다리를 짓지 못하게 막는 편이 최상이다.

유용한 일반적인 원리는 한 플레이어의 전체 돌 배열은 오직 가장 약한 연결만큼만 강하다는 것이다. 만약 막 잇기 시작한 여러분 사슬의 일부를 상대방이 성공할 수 있다는 희망으로 공격한다면, 여러분은 가장 약하게 이어진 부분을 강하게 하거나 아니면 상대방의

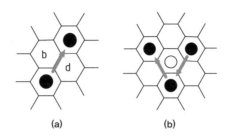

그림 9 (a) 다리. (b) 다리를 겹치면 안 된다.

사슬을 공격해야 한다. 하지만 모든 경우에 무턱대고 이렇게 해서는 안 된다. 왜냐하면 상대방이 알아채고서 교묘한 덫을 놓을지 모르기 때문이다.

또 하나의 유용한 원리는 약간 멀리서부터 상대방의 가장 약한 부분에 몰래 다가가는 것이다. 상대방의 약한 부분 한가운데를 공격하는 대신에, 머릿속으로 다리들로 이루어진 사슬을 그려 보고서 그 사슬 어디쯤에 돌을 놓을 수 있다. 한편 두 다리의 가운데 칸이 겹치게끔 다리 사슬을 잇는 실수를 저지르지 말아야 한다(그림 9b). 왜냐하면 겹친 칸에 상대방이 돌을 두면 두 다리를 한꺼번에 공격할 수 있기 때문이다. 그러면 둘 중 하나만 방어할 수 있지 둘 다 지켜내지는 못한다.

다리보다 몇 수준 높은 전략으로 사다리가 있다. 이것은 미묘한 기회와 어려움을 함께 안긴다. 사다리는 한 플레이어가 모서리에 연결을 시도하다가 상대방에 의해 정해진 거리만큼 떨어진 곳으로 밀려나서 두 플레이어가 서로 나란히 긴 사슬을 **어쩔 수 없이** 만들기 시작할 때 생긴다. 그림 10a는 검은 돌이 둘 차례일 때 사다리가 시작되

미로 속의 암소

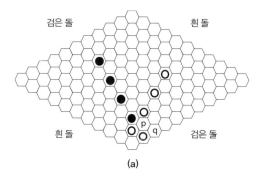

(a)

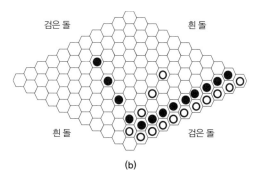

(b)

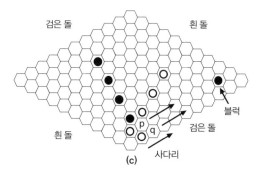

(c)

그림 10 (a) 사다리의 시작. (b) 사다리 잇기. (c) 사다리 막기.

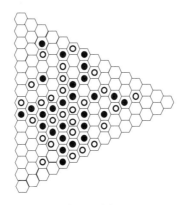

그림 11 Y 게임 보드

는 모습을 보여 준다. 검은 쪽은 p에 둘 수밖에 없다. 그렇지 않으면 흰 쪽이 이기기 때문이다. 마찬가지 이유로 이제 흰 쪽은 q에 두어야 한다. 만약 검은 쪽이 이 모서리와 계속 연결하려고 시도하면(실은 여러 수 동안 계속 이렇게 하지 않으면 검은 쪽이 지게 된다.) 흰 쪽은 막을 수밖에 없기에, 흰 돌이 모서리를 따라 길게 이어지게 되고 검은 돌은 그 옆에 계속 나란히 이어지게 된다. 하지만 검은 쪽이 알아차리지 못한 사실은 만약 이 과정이 계속 되면 결국 흰 쪽이 이긴다는 것이다(그림 10b). 따라서 사다리가 생길지 미리 예상해 상대방의 사다리가 시작되기 전에 미리 막는 것이 중요하다. 만약 검은 쪽이 흰 쪽의 변 근처에 여분의 돌(그림 10c)을 갖고 있으면, 검은 쪽이 사다리 쌓기에서 이긴다.

『헥스 전략』은 이런 사안들을 비롯한 여러 문제들을 상당히 심도 있게 다룬다. 또한 기본적인 헥스 게임 외에 여러 변형된 버전들도 다룬다. 예를 들어 Y 게임은 삼각형 보드 위에서 진행되며(그림

미로 속의 암소

11), 세 모서리에 모두 닿게 사슬을 잇는 쪽이 이긴다. 한편 전략 훔치기 증명이 여기서도 통한다. 따라서 먼저 두는 쪽에게는 이기는 전략이 반드시 있다. 하지만 이번에도 어느 한 쪽이 이기는 전략은 아주 작은 크기의 보드 외에는 구체적으로 밝혀져 있지 않다. 헥스는 미국 지도 위에서도 할 수 있다. 이때 각 주들이 칸이 되며, 북에서 남으로 동에서 서로 모서리를 잇게 된다. 이 게임에서는 먼저 두는 쪽이 처음에 캘리포니아에 두면 이길 수 있다. 그러려면 어떻게 두어야 하는지 알아가는 과정도 무척 즐거울 것이다. 헥스는 정육각형이나 정오각형 모양이 붙은 구에서도 할 수 있다. 이때는 모서리가 없기 때문에 (상대방 돌이 놓여 있든 아니든 간에) 적어도 한 칸을 먼저 둘러싸는 쪽이 이긴다.

3 『수학 히스테리아(Math Hysteria)』 6장 참조.
4 미국인들은 일상 대화에서 종종 '화장실'을 '존'이라고 부른다.

웹사이트

일반적인 내용

http://en.wikipedia.org/wiki/Hex_(board_game)

http://www.swarthmore.edu/NatSci/math_stat/webspot/

드래프트를 비롯한 여러 게임의 완벽한 수

http://en.wikipedia.org/wiki/Perfect_play#Perfect_play

4

점핑 챔피언

소수는 지금까지도 전 세계의 수학자들을
어리둥절하게 만든다. 가장 흔히 나타나는
연속된 소수들 사이의 간격은 6인 듯한데,
이것은 1조 정도까지는 분명 사실이다. 이런
엄청난 '실험적' 증거가 나와 있으므로, 수가
아무리 커지더라도 6이 언제나 가장 흔한
간격이라는 결론이 옳은 것일까?

수학은 놀라운 것들로 가득 차 있다. 가령 1, 2, 3, 4, … 등의 자연수
처럼 단순한 것에 조금만 노력을 기울이면 2, 3, 5, 7, 11, … 등의 소
수처럼 복잡한 것이 생겨날 수 있을지 누가 상상이나 했겠는가? 자
연수의 패턴은 단순하고 명백하다. 어떤 수가 주어지든 그 다음 수
를 쉽게 알아낼 수 있다. 소수는 그렇지 않기는 하지만, 자연수에서
소수를 알아내는 과정은 단순하다. 마땅한 약수가 없는 수를 택하기
만 하면 된다.

　우리는 소수에 대해 많이 알고 있다. 정확한 답을 얻을 수 없

더라도 꽤 가까운 값을 얻게 해 주는 강력한 근사 공식도 알고 있다. 예를 들어 소수 정리는 1896년에 자크 살로몽 아다마르(Jacques Hadamard)와 샤를 장 데 라 발레푸셍(Charles Jean de la Vallée-Poussin)이 각각 독립적으로 알아낸 정리로서, x보다 작은 소수의 개수는 대략 $\frac{x}{\log x}$임을 알려 준다. 여기서 log는 (밑이 e인) 자연 로그이다. 따라서 우리는 100자리 미만의 수에서는 대충 4.3×10^{97}개의 소수가 있음을 안다. 하지만 정확한 개수는 온전히 수수께끼로 남아 있다.

소수에 대해 알려지지 않은 것은 이보다 훨씬 더 많다. 10년 전에 앤드루 오들리츠코(Andrew Odlyzko, AT&T), 마이클 루빈스타인(Michael Rubinstein, 텍사스 대학교), 마렉 울프(Marek Wolf, 폴란드의 브로츠와프 대학교)는 연속된 소수들 사이의 간격에 관심을 가졌다. 이들이 논의한 문제는 다음과 같다. 어떤 한계 x까지, 가장 흔히 나타나는 연속된 소수들 사이의 간격은 무엇인가? 해리 루이스 넬슨(Harry Lewis Nelson)이 《저널 오브 레크리에이셔널 매스매틱스(*Journal of Recreational Mathematics*)》에서 제기했던 질문이었다. 나중에 존 호튼 콘웨이(John Horton Conway, 프린스턴 대학교)는 이와 관련된 수를 **점핑 챔피언**(jumping champion)이라고 명명했다.

50까지의 소수들은 2, 3, 5, 7, 11, 13, 17, 19, 23, 29, 31, 37, 41, 43, 47이다. 각 소수와 그 다음 소수의 간격을 순서대로 나열하면 다음과 같다. 1, 2, 2, 4, 2, 4, 2, 4, 6, 2, 6, 4, 2, 4. 수 1은 한 번(2 이외의 모든 소수는 홀수이기에 오직 한 번만) 나오고 나머지 수들은 짝수 번 나온다. 간격 2는 여섯 번 나오고 간격 4는 네 번 나오며 간격 6은 두 번 나온다. 따라서 $x=50$일 때, 가장 흔한 간격은 2이다. 이 수가 점핑 챔피언이다.

때로는 여러 간격들이 동일한 빈도로 나타나기도 한다. 가령 $x=5$일 때, 간격은 1, 2이며 각각 한 번씩 일어난다. 그 후로 $x=101$에 이르기 전까지는 2가 단독으로 점핑 챔피언이다가, 101일 때는 2와 4가 비기게 된다. 그 후로는 줄곧 2나 4가 점핑 챔피언이거나 둘이 비기게 되다가 179에 이르면 2, 4, 6이 삼자 무승부가 된다. 이 시점에서 4와 6은 쇠퇴하고 $x=379$에 이르기 전까지 2가 군림한다. 379에 이르면 2가 6과 비기게 된다. $x=389$ 이후로는 점핑 챔피언은 대부분 6인데 가끔씩 2 그리고(또는) 4와 비긴다. 하지만 $x=491$에서 541까지 범위에서는 점핑 챔피언은 다시 4로 바뀐다. $x=947$부터는 6이 단독 점핑 챔피언인데, 컴퓨터 조사에 의하면 이것은 적어도 $x=10^{12}$까지는 계속된다.

여기서 처음에 1, 2, 4 사이의 경쟁 구간을 제외하면, 유일하게 장기간 지속되는 점핑 챔피언은 6이라고 결론을 내리는 편이 합리적인 듯하다. 컴퓨터가 밝혀낸 증거도 이런 주장을 강하게 뒷받침해 준다. 지금은 폐간된 저널인 《익스페리멘털 매스매틱스(*Experimental Mathematics*)》가 이런 문제를 전문적으로 다루었다. 이 잡지는 연구자들이 컴퓨터 계산의 도움으로 얻기는 했지만 수학적으로는 증명되지 않은 추측을 발표하기 위해 존재했던 거의 유일무이한 수학 저널이었다. 그렇다고 해서 수학적인 증명이 필요하다는 점이 간과되지는 않는다. 왜냐하면 저널의 기사들은 수학적 증명이 빠져 있다는 사실을 분명히 밝히고 있기 때문이다. 대신 저널의 목표는 수학자들이 엄밀한 논리를 동원하면 답을 찾을 수 있는 흥미로운 문제들을 제시하는 것이었다.

모든 수 이론가들은 증거가 있음을 알고 있다. 그리고 실제로 증거란 있게 마련이다. 약 1조까지 유지되는 패턴이라도 수가 더 커지면 바뀔지도 모른다. 이 문제와 딱 들어맞는 사례로서 오들리츠코와 그의 동료들은 $x=1.7427\times10^{35}$ 근처 어디쯤에서 점펑 챔피언이 6에서 30으로 바뀐다는 설득력 있는 주장을 내놓고 있다. 그들은 점펑 챔피언이 $x=10^{425}$ 근처에서는 210으로 다시 바뀐다고 주장한다. 그들은 이런 주장을 뒷받침하기 위해 엄밀하지는 않지만 신중한 이론적 분석과 더불어 세심하게 선택한 수리적 실험을 제시한다.

4를 제외하고는 추정된 점펑 챔피언들은 하나의 아름다운 패턴을 따른다. 이 패턴은 챔피언 값들을 소인수 분해하면 명백히 드러난다.

$$2 = 2$$
$$6 = 2\times3$$
$$30 = 2\times3\times5$$
$$210 = 2\times3\times5\times7$$

각 수는 어떤 한계까지의 연속된 소수들을 곱하면 얻을 수 있다. 이 수들을 **소수 계승**이라고 하는데(일반 계승과 비슷하지만 소수들로만 곱한다.), 그 다음 수들은 아래와 같다.

$$2310 = 2\times3\times5\times7\times11$$
$$30030 = 2\times3\times5\times7\times11\times13$$
$$510510 = 2\times3\times5\times7\times11\times13\times17$$
$$11741730 = 2\times3\times5\times7\times11\times13\times17\times23$$

오들리츠코와 그의 동료들이 내린 주요 결론은 점핑 챔피언은 4와 더불어 정확히 소수 계승들로 이루어져 있다는 점핑 챔피언 추측이다. 이런 주장의 근거는 하디-리틀우드 k튜플(k-tuple) 가설이라고 알려진 또 다른 추측이다. 이것은 고드프리 해럴드 하디(Godfrey Harold Hardy)와 존 에덴서 리틀우드(John Edensor Littlewood)가 1922년에 내놓은 추측으로서 소수들 사이의 간격 패턴에 관한 내용이다.

소수의 열을 살펴보면 누구라도 두 연속된 홀수가 소수인 경우가 매우 자주 나타난다는 사실을 알 수 있다. 5와 7, 11과 13, 17과 19가 그러한 예이다. 쌍둥이 소수 추측에 따르면 이러한 쌍들이 무한히 많다고 한다. 이런 쌍들은 분명 매우 큰 값일 수 있는데, 2009년 9월에 알려진 가장 큰 쌍은 아래와 같다.

$$65516468355 \times 2^{333333} - 1 \qquad 65516468355 \times 2^{333333} + 1$$

각자 10만 355자리의 수이다. (이와 별도로, 쌍둥이 소수들은 십진 자릿수가 언제나 같음을 증명해 보라. 만약 이것이 자명한 것 같으면, 두 번째 과제가 있다. 만약 '십진' 자릿수가 '기수 n'인 자릿수로 바뀌면, 어떤 n의 값에서 위의 주장이 **틀리게** 되는가?) 게다가 이 추측이 옳음을 강하게 뒷받침해 주는 확률 계산도 있다. 이 계산은 소수들이 소수 정리에 따른 어떤 확률을 가지면서 홀수들 가운데서 '무작위로' 나타난다는 아이디어에 바탕을 두고 있다. 물론 이것은 터무니없다. 수는 소수이거나 아니거나 둘 중 하나일 뿐 확률이 개입될 리가 없기 때문이다. 하지만 이런 종류의 문제일 경우에는 터무니없다고만은 할 수 없다. 아무튼 그 계산에 따르면 쌍둥이 소수의 목록이 유한할 확률은 0이다.

연속된 세 홀수가 소수인 경우는 어떨까? 3, 5, 7이 그런 예이다. 이것이 유일한 예인데, 왜냐하면 3개의 연속된 홀수가 있을 경우 그중 하나는 3의 배수이기 때문이다(따라서 그 수가 3인 경우 외에는 소수가 아니다. 따라서 단 하나의 예만 존재한다.). 하지만 p, $p+2$, $p+6$ 그리고 p, $p+4$, $p+6$은 이런 주장에 의해 배척될 수 없다. 그리고 이런 수들은 꽤 흔히 나타난다. 예를 들어 첫 번째 패턴은 11, 13, 17이고 그 다음으로는 41, 43, 47이다. 이후로는 881, 883, 887에서 이런 패턴이 나타난다. 왜 마지막 자리의 수가 언제나 1, 3, 7인지 여러분 스스로 알아봐도 좋을 것이다. 두 번째 패턴은 7, 11, 13에서 처음 나오고 그 다음이 37, 41, 43 그리고 다시 877, 881, 883에서 나온다. 이번에도 마지막 자리의 수는 7, 1, 3이다.

하디와 리틀우드는 임의의 소수들에 대한 이런 식의 패턴을 생각하고서 내가 방금 쌍둥이 소수에 대해 설명했던 것과 동일한 종류의 확률 계산을 실시했다. 그들은 어떤 한계 x 아래에서 특정한 간격 패턴을 가지면서 이어진 k 소수들의 개수를 알아낼 정확한 공식을 도출했다. 그 공식은 설명하기 너무 복잡하므로 여기서는 소개하지 않는다. 오들리츠코와 그의 동료들이 쓴 논문 속에 나와 있는 참고 자료를 보기 바란다.

점핑 챔피언 추측을 얻기 위한 분석은 하디-리틀우드 공식에서 시작해, 이 공식으로부터 어떤 한계 x에 이르기까지 주어진 $2d$ 크기의 연속 소수들 사이의 간격의 개수 $N(x,d)$에 대한 공식을 뽑아낸다. $2d$라고 한 까닭은 2와 3 사이의 간격을 제외하고는 간격이 짝수이기 때문이다. 이 공식은 $2d$가 크고 x는 훨씬 더 클 때에만 유효한 것으로 예상된다. 그림 12는 $x=2^{20}$, 2^{22}, $\cdots$, 2^{44}인 경우 $\log N(x,d)$의 그래

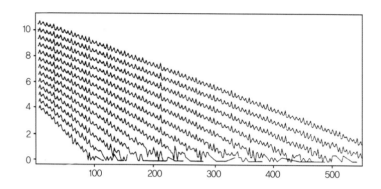

그림 12 다양한 한계 값 x에 이르기까지의 소수들에 대해, $2d$(수평축)에 대한 $2d$ 크기의 간격들이 나타나는 횟수의 로그(수직축)를 나타낸 그래프. 이 범위는 $x=2^{20}$(왼쪽 아래)에서 $x=2^{44}$(오른쪽 위)까지이다.

프를 보여 준다. 각 그래프는 오르락내리락 거리지만 근사적으로 직선이다. 두드러지게 튀어 오른 부분은 $2d=210$에서 나타난다. 이 값은 6 다음에 나오는 것으로 추측된 점핑 챔피언이다. (실제로는 더 울퉁불퉁하지만 로그 표시 때문에 평평해졌다.) 이런 종류의 정보를 통해 그 공식이 실제 값에서 많이 벗어난 것이 아님을 알 수 있다.

이제 만약 $2d$가 점핑 챔피언이 된다면, 이 공식의 값은 매우 커진다. 적어도 x보다 적은 소수 개수의 절반 값이 된다. (여기에 적지는 않겠지만) 이 공식의 정확한 형태에 따르면, $2d$가 서로 다른 많은 소인수들을 가질 때 매우 큰 공식의 값이 가장 잘 얻어짐을 알 수 있다. 또한 이 공식에 따르면 $2d$가 이 조건에 맞는 최대한 작은 수여야 하는데, 따라서 $2d$ 값으로 가장 가능성이 높은 것은 소수 계승이다. (이미 알려진 점핑 챔피언 4는 아마 예외로서, 이 공식이 제대로 근사하지 못하는 크기 구간에서 나타난다.)

또한 이 추측 공식에 따라, 한 주어진 소수 계승이 이전 소수 계승에 이어 새로운 점핑 챔피언이 언제 되는지를 대략적으로 파악할 수 있다. 두 소수 계승이 다음과 같다고 하자. $A = 2 \times 3 \times \cdots \times p$, $B = 2 \times 3 \times \cdots \times p \times q$, 여기서 p와 q는 연속된 소수이다. 그렇다면 대략 $x = e^{A(q-1)(q-2)}$에서 B가 A를 대신해 점핑 챔피언이 된다. 여기서 $e = 2.718\cdots$로서 자연로그의 밑이다. 이 공식을 통해 30 다음에 210이 점핑 챔피언이 될 때의 예상 x 값을 알 수 있다. 지수 값이기 때문에 이 x 값은 급속하게 커진다.

이제 무엇을 더 해 볼까? 점핑 챔피언 추측을 증명해 보라. 그것이 틀린 추측이라면 틀렸음을 증명해 보라. 증명할 수 없으면 더 쉬운 것을 시도해 보라. 가령 서로 다른 점핑 챔피언이 무한히 많이 있음을 증명해 보라. 1980년에 에르되시 팔(Erdős Pál)과 에른스트 가버 슈트라우스(Ernst Gaber Straus)가 바로 그렇게 했는데, 둘은 단지 하디-리틀우드 k튜플 추측의 정량적 버전을 가정한 것만으로 그런 업적을 세웠다. 안타깝게도 쌍둥이 소수 추측조차 증명하기가 끔찍하게 어렵기에, 하디-리틀우드 k튜플 추측을 전부 증명하기란 더 어렵다. 취미 수학자들이라면 소수들 사이의 간격에 대한 다른 흥미로운 성질을 알아보는 편이 유리하다. 예를 들어 한계 x보다 적은 연속된 소수들 사이의 (실제로 나타나는) 가장 **덜** 흔한 간격은 무엇인가? 평균적으로 나타나는, 즉 가장 일반적인 간격에 가장 가까운 간격은 무엇인가? 내가 아는 한, 비록 x 값이 비교적 작더라도 이 질문들에 대한 답을 알아내기란 만만치 않다.

쌍둥이 소수는 왜 십진 표기에서 언제나 자릿수가 서로 같을까? 당연한 이야기 같기도 하지만, 이것을 증명하면 기수가 다른 진법에도 그 증명 원리를 적용할 수 있다. 우리가 다룰 소수가 십진수인 p와 $p+2$라고 가정하면 $p+2$가 p보다 자릿수가 더 클 가능성도 있다. 하지만 이런 경우는 $p=999$ … 98 또는 999 … 99일 때만 생긴다. 이중 첫째 값은 짝수이므로 소수일 리가 없다. 둘째 값은 9의 배수이므로 또한 소수일 리가 없다.

이 증명의 마지막 단계에서는 숫자 10의 특별한 성질이 이용된다. 다른 기수일 때에는 이와 달라진다. n진법의 경우 쌍둥이 소수가 자릿수가 달라지려면, p는 어떤 급수 k에 대해 반드시 n^k-2 또는 n^k-1의 형태이어야 한다. 즉 n^k는 쌍둥이 소수 가운데 작은 값인 p에 대해 $p+2$ 아니면 $p+1$이어야 한다. 실제 사례를 들어보자. 예를 들어 $p=3$이라면 n^k는 4 또는 5일 수 있다. (십진법으로) 소수 3과 5는 (4진법으로는) 3과 11이 되어 자릿수가 달라진다. 5진법의 경우에는 동일한 소수가 3과 10이 되어 역시 자릿수가 달라진다.

노력을 더 기울여 이런 분석을 더 심화시킬 수 있다. 만약 $n^k=p+2$라면 n^k는 소수이다. 따라서 $k=1$이고 n은 ($p+2$로서) 소수이다. 만약 $n^k=p+1$이라면 $p=n^k-1=(n-1)(n^{k-1}+n^{k-2}+\cdots+1)$. p가 소수이므로 $k=1$이거나 아니면 $n=2$이어야 한다. 만약 $k=1$이라면, 쌍둥이 소수 가운데 적은 값인 p에 대해 $n=p+1$이다. 만약 $n=2$이고 $k>1$이라면, 2^k-1과 2^k+1 둘 다 소수이어야 한다. 이렇게 될 수 있는 유일한 예는 $2^2-1=3$ 그리고 $2^2+1=5$인 경우이다. (만약 $2k-1$이 소수(이른바 메르센 소수)라면, k 자신도 반드시 소수여야 한다는 것은 잘 알려진 사실이고 증명하기도 쉽다. 만약 2^k+1이 소수(이른바 페르마 소수)라면, k 자신도 반드시 2의 급수여야 한다는 것은 잘 알려진 사실이고 증명하기도 쉽다. 2의 급수로서 소수인 값은 2뿐이다.)

요약하자면, p와 $p+2$가 n진법 표기에서 자릿수가 다른 쌍둥이 소수인 경우는 쌍둥이 소수 가운데 작은 값인 p에 대해 $n=p+1$ 내지 $p+2$이거나, 또는 $n=2$이고 $p=3$인 경우이다.

피드백

「점핑 챔피언」은 내 칼럼의 거의 마지막 내용이었기에 언급할 만한 피드백이 전혀 없었다. 따라서 피드백 대신에 정말로 놀라운 발견 하나를 알려 주고자 한다. 이것은 소수가 더 이상 수학자들을 어리둥절하지 않게 하는 몇 안 되는 사례에 속한다. 바로 그린-타오 정리로서 2005년에 벤 그린(Ben Green)과 테렌스 타오(Terence Tao)가 증명했다. 이것은 58쪽의 p, $p+2$, $p+6$ 사례와 비슷한 듯하면서도 매우 다른 소수 패턴에 관한 정리이다. 이 정리의 요지는 다음과 같이 단순하다. 즉 임의의 정수 k에 대해 k개의 항을 갖는 등차수열이 무한히 많이 존재한다는 것이다.

등차수열은 각 항이 이전 항보다 정해진 동일한 값만큼 더 큰 수열을 말한다. 기호로 표시하면 그런 수열은 다음과 같다. 만약 이 수열이 k개의 항을 갖는다면,

$$a, a+d, a+2d, a+3d, \cdots, a+(k-1)d$$

여기서 d가 등차이며 a는 첫 항의 값이다. 그린-타오 정리에서 d는 미리 정

해지지 않고 증명 과정에서 정해진다. 오랜 세월 동안 수학자들(종종 아마추어 수학자들)은 소수로 이루어진 긴 등차수열을 찾아왔다. 항이 셋인 경우로는 3, 5, 7이라는 명백한 등차수열이 있다. 이 경우 $d=2$이다. 일곱 항으로 이루어진 멋진 등차수열로 다음이 있다.

7 157 307 457 607 757 907

여기서는 $d=150$이다. 하지만 25개 항으로 이루어진 등차수열을 찾으려면 컴퓨터의 도움이 절실히 필요한데, 실제로 지금껏(2008년 9월에 발견됨) 알려진 가장 긴 경우는 다음과 같다.

6171,054,912,832,631+366,384×23×d

여기서 $d=0$, 1, 2, …, 24이다. 이것은 2008년에 야로슬라프 브로블레프스키(Jaroslaw Wroblewski)와 라난 체르모니(Raanan Chermoni)가 발견했다. 그린과 타오는 k에 대해 소수들이 얼마나 커야 하는지에 대한 상한까지도 알아냈다. a^b를 a^b로 표시한다면, 이 상한은 다음과 같다.

2^2^2^2^2^2^2^100k

이 표현에서 연속된 거듭제곱은 오른쪽에서부터 왼쪽으로 진행하는 것이 규칙이다. 따라서 먼저 2에다 100k를 제곱하고 나서 다시 2에다 그 값을 거듭제곱하고 계속 이런 식으로 이어진다. 결과 값은 엄청나게 큰데 어쩌면 너무 크게 보일 수도 있지만, 지금까지는 이것이 우리가 아는 값이다. 그린과 타오가 이런 대단한 발견을 했다는 것이 놀라울 따름이다.

한편 소수로 이루어진 어떤 등차수열도 유한하다. 즉 영원히 진행할 수 없다. 하지만 이 모든 등차수열에 적용되는 구체적인 한계는 없다.

그린–타오 정리를 확장해, 단일한 차이 값인 d를 여러 차이 값들의 유한한 목록으로 대신하고 모든 조합이 허용되는 '일반화된 등차수열'을 비교적 쉽게 구성할 수 있다. 예를 들어 두 차이 값인 d_1과 d_2로 $a+k_1d_1+k_2d_2$로 이루어진 모든 수들을 고려하자. 여기서 k_1과 k_2는 0에서부터 상한까지의 값을 갖는다. 사실 이 모든 수들은 더 긴 등차수열의 일부로 볼 수 있기에, 그린–타오 정리를 적용할 수 있다.

이 정리에서 매우 많은 결과들이 도출되는데, 여기에서는 하나만 소개한다. 바로 소수로만 구성된 임의의 매우 큰 마방진의 존재가 그것이다(물론 이 마방진은 연속된 정수일 수는 없으며, 심지어 연속된 소수도 아니다.). 아래는 4× 4일 때의 한 예이다.

37	83	97	41
53	61	71	73
89	67	59	43
79	47	31	101

이 정리에 따르면 원하는 만큼 크게, 가령 100만 또는 10억 크기의 이런 마방진을 구성할 수 있다. 더 자세한 정보는 책 뒤의 「더 읽을거리」에 소개된 앤드루 그랜빌(Andrew Granville)의 논문을 보기 바란다.

웹사이트

일반적인 내용

http://en.wikipedia.org/wiki/Prime_number

http://mathworld.wolfram.com/PrimeNumber.html

http://primes.utm.edu/glossary/home.php

간격

http://en.wikipedia.org/wiki/Prime_gap

점핑 챔피언

http://primes.utm.edu/glossary/page.php?sort=Jumping Champion

그린-타오 정리

http://en.wikipedia.org/wiki/Green-Tao_theorem

5

네발짐승과
함께 걷기

동물은 다양한 패턴으로 움직이는데,
이를 걸음걸이라고 한다. 이 걸음걸이
패턴의 상당수는 대칭 형태이다. 왜 그런지
이제부터 알아보고자 한다. 이 문제의
핵심은 동물의 움직임을 조종하는 신경 세포
네트워크의 패턴에 있다. 제인과 타잔의
흥미진진한 설명을 들어보자.

지네 한 마리가 아주 행복하게 살았네,
개구리가 재미삼아 이렇게 말하기까지는.
'이봐, 어느 다리가 어느 다리 다음에 오는 거지?'
이 말에 깜짝 놀란 지네는
어리둥절한 채 도랑 속에서
달아날 방법을 궁리하고 있었네.
— 에드먼드 크레이스터 부인

타잔이 공중으로 솟구치더니 두 발을 동시에 앞으로 차며 다시 땅 위에 묵직하게 내려앉았다. 제인이 보기 시작한 후로도 이미 그는 20번 이상이나 연속적으로 이런 동작을 하고 있었다. 타잔의 얼굴을 보니 앞으로도 한참 더 할 것 같았다.

'**타잔은 뇌가 없는 게 아냐.**' 제인이 생각했다. '**단지 뇌를 사용하려면 훈련이 필요한 거야.**' 실제로 제인은 타잔을 교육시킬 야심찬 계획을 세웠고 이후 타잔은 몇 주 동안 책에 코를 파묻고 있었다.

아마도 그게 문제였을 것이다. 제인은 손쉬운 덩굴을 잡고서 미끄러져 내려갔다.

제인이 다가오자 원숭이 인간 타잔이 쳐다보며 말했다. "우, 안녕 제인."

"지금 하고 있는 그게 뭐야?"

"우, 퀴리 원리를 테스트하는 중이었어."

"정말?" 뜻밖의 대답이었다.

"응. 그런데 잘 안 돼."

제인은 타잔의 손을 잡고서 나무 그늘 속으로 데려갔다. "어디 시원하고 조용한 데로 가서 어떻게 된 건지 몽땅 이야기해 줘."

이야기에 조금 시간이 걸렸지만 요지는 비교적 간단했다. 제인이 가벼운 읽을거리 삼아 정글에 가져온 책에서 타잔은 인간의 몸이 좌우 대칭이라는 설명을 들었던 것이다. 거울에 비춰 보아도 똑같아 보인다는 말이었다. 타잔은 거울을 본 적이 없었지만 잔잔한 연못의 표면을 본 적이 있었던 데다, 책 속의 그림을 통해 좌우 대칭이 무슨 뜻인지 알아냈다. 또 어떤 책에서 타잔은 위대한 물리학자 피에르 퀴리(Pierre Curie)가 제시한 근본적인 원리 하나와 마주쳤다. 대칭적인 원인이 마찬가지로 대칭적인 결과를 내놓는다는 원리였다.

"내가 보기에는 이런 말인 것 같아." 타잔이 말했다. "만약 좌우 대칭인 원숭이, 아, 미안, 계속 잊어버려, 좌우 대칭인 사람인 내가 걷는다면, 퀴리 원리가 의미하는 바는 내 걸음 또한 좌우 대칭이 된다는 뜻이야. 그렇다면 내 두 다리가 함께 앞으로 움직여야 한다는 뜻이야. 계속 그렇게 시도해 보았지만, 아무데로도 갈 수가 없는 것 같아. 제자리에 계속 머물기만 할 뿐이야."

"하지만," 제인이 말했다. "너는 잘못하고 있어. 좌우 대칭 걸음 걸이를 원한다면 **폴짝 뛰어야** 해. 이렇게 말이야." 제인은 토끼 흉내를 내며, 양손을 토끼의 앞발처럼 모으고 두 발로 폴짝 뛰었다. 타잔은 이 멋진 모습을 넋이 나간 듯 바라보았다. 마침내 타잔은 용기를 내서 걸음걸이가 무엇인지 물었다.

"그건 이동하기 위해 다리가 움직이는 패턴이야." 제인이 말했다. "동물은 온갖 종류의 걸음걸이를 이용해서 돌아다녀. 걷기(보행), 폴짝 뛰기 또는 습보(gallop)를 하거나 …… 가젤 영양은 **프롱크**(pronk) 자세로 뛰기도 해. 즉 네 다리를 모두 써서 달려."

"폴짝 뛰기가 좋은 사례이기는 해." 타잔이 말했다. "하지만 그것으로는 대칭적인 걸음걸이가 가능하다는 사실만 알 수 있을 뿐이야. 내가 읽은 퀴리 원리에 따르면 인간의 모든 걸음걸이, 실제로는 모든 좌우 대칭 동물의 모든 걸음걸이는 좌우 대칭이어야 해." 타잔은 둘이 서 있던 숲속의 빈터를 생각에 잠긴 채 아래위로 거닐었다. 가끔씩 걸음을 멈추고 분통을 터뜨리며 주먹으로 가슴을 치기도 했다. "하지만 대부분의 걸음걸이가 그렇지 않아."

'**좌우 대칭** …… **거울에 비친 상과 똑같은 형태라.**' 제인이 생각했다.

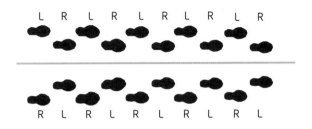

그림 13 사람이 걸을 때 왼발과 오른발이 교대로 땅에 닿는다. 거울(회색 선)에 비친 모습에는 왼발과 오른발이 바뀌어 있다. 이것은 원래 모습을 반주기만큼 시간을 지연시킨 것과 같다.

제인은 타잔의 걷는 모습이 거울에 비치면 어떻게 보일지 상상해 보았다(그림 13). 거울에 비친 모습도 걷는 모양이었다. 하지만 원래와 똑같은 모양은 아니었다.

"거의 마찬가지야." 제인이 말했다. "거울에 비친 걸음걸이도 역시 걸음걸이처럼 보여." 제인은 잠깐 멈춰서 곰곰이 생각하더니 말을 이었다. "정말로 그래야 해. 그렇지 않으면, 걷고 있는 사람의 모습은 거울에 비치면 이상하게 보일 거야. 그런 이유가 결정적인 것은 아니지만 알파벳 글자들을 거울에 비치면 **정말** 이상하게 보이거든. 흠."

타잔이 말을 받았다. "차이는 내가 오른발을 앞으로 놓았을 때 거울상에는 왼발이 앞에 놓인다는 거야. 내게는 왼발로 보여. 거울이 이걸 어떻게 생각할지 모르겠어. 이제 다음 발걸음에서는 내가 왼발을 앞으로 놓으면 거울상에서는 오른발이 앞으로 놓여. 언제나 서로 발걸음이 맞지 않게 돼."

가끔씩 타잔도 꽤 똑똑해 보일 때가 있다. "발걸음이 아니라 **위상**이 맞지 않는 거야." 제인이 흥분한 채 말했다. "그런 까닭에 모든 것이 거울 속에서도 온전한 법이야. 만약 한 발걸음을 디디는 데 필요한 만큼 시간을 지연시키면, (비록 땅 위에서의 실제 위치는 아니지만) 거울에 대한 발들의 상대적인 위치는 원래 위치와 완전히 똑같아 보여."

"위상이라고?"

"걷기를 비롯한 모든 걸음걸이는 주기 운동이야. 정해진 시간 간격으로 반복돼. 동일한 두 가지 주기 운동이 있을 때, 하나가 다른 것에 비해 시간이 지연되면, 지연되는 만큼의 주기의 비율을 **상대 위상**이라고 해. 네 왼발은 오른발과 정확히 반주기만큼 위상이 맞지 않아. 따라서 상대 위상은 0.5야."

"이것이 아주 흥미로운 까닭은," 제인이 말을 이었다. "걸음걸이는 공간뿐만 아니라 시간상에서도 대칭을 갖는다는 사실을 보여 주기 때문이야. 결국 대칭이란 어떤 계(system)가 이전과 마찬가지로 이후에도 똑같이 보이게 만드는 일종의 변환일 뿐이야. 주기성 자체도 시간 대칭의 하나이지. 한 주기만큼 시간을 이동하면 모든 것이 똑같아 보이니까 말이야. '왼쪽/오른쪽 반사하기 **그리고** 0.5만큼 위상 이동'은 사람의 걸음을 시공간적으로 혼합시켜 놓은 대칭이야. 정말 대단하지 않니?"

"네가 폴짝 뛸 때는 상대 위상이 얼마야? 0인 거야?" 타잔이 조심스레 물었다.

"정확히 맞혔어. 두 다리가 함께 움직이니까 위상 차이가 없어. 캥거루가 뛸 때도 마찬가지야."(그림 14)

"캥거루가 뭐지?"

"아, 이런 미안. 아프리카에는 없어. 캥거루는 오스트레일리아에 살아. 두 발로 폴짝 뛰어 다니는 동물이야."

타잔은 발로 뛰어오르더니 출전하는 병사가 추는 것과 같은 특

그림 14 캥거루가 뛰는 모습을 순서대로 포착한 8개의 장면. 이 동물의 좌우 대칭은 항상 유지된다.

이한 춤을 춘 다음 다시 땅에 내려왔다. "0.3의 상대 위상을 얻으려고 했던 거야."라고 타잔이 설명했다.

"그럴 수는 없을 것 같아." 제인이 말했다.

"당연히 할 수 있어! 왼발을 오른발보다 0.3주기만큼 뒤에 놓으면 그만이야."

"맞아."

"하지만 쉬울 것 같지는 않네."

"아마 그건 진정한 대칭이 아니기 때문일 거야." 제인이 말했다. "그러니까, 만약 **모든 것**이 왼쪽과 오른쪽을 바꾸고 0.3만큼 위상을 옮기고 나서도 똑같아 보인다면, 왼쪽 다리가 오른쪽 다리와 0.3만큼 위상이 어긋나야 할 뿐만 아니라, 오른쪽 다리도 왼쪽 다리와 0.3만큼 위상이 어긋나야만 해. 따라서 오른쪽 다리는 자기 자신과 0.3+0.3=0.6만큼 위상이 어긋나게 되는 터무니없는 결과가 나오고 말아."

"또한 위험한 것이기도 하네." 타잔이 자기 다리를 문지르면서 후회하듯 말했다.

"타잔! 이 모든 내용에 관한 정리가 하나 있어!"라고 제인이 외

미로 속의 암소

쳤다. 에드거 라이스 버로스(Edgar Rice Burroughs, 『타잔』의 작가 — 옮긴이)의 독자들은 제인의 아버지가 아르키메데스 포터 교수였음을 떠올릴 것이다. 따라서 놀랄 것도 없이 이 교수의 딸도 가족의 수학 실력을 어느 정도 물려받았을 터이다. "왼쪽/오른쪽 반사가 위상 이동과 결합해 대칭을 만들어 내려면," 제인이 말을 이었다. "위상 이동은 0이나 0.5이어야만 해. 이외의 다른 값은 될 수 없어."

"왜?"

"조금 전에 한 설명과 같은 이유 때문이야. 만약 어느 한쪽 다리가 다른 쪽 다리에 비해 어떤 위상만큼 지연된다면, 그 다리는 자기 자신에 비해 두 배의 위상만큼 지연되고 말아. 어느 다리가 자기 자신과 지연될 수는 있지만, 그런 경우는 오직 주기의 정수배만큼 지연될 때뿐이야. 왜냐하면 전혀 지연이 없는 것과 동일한 효과가 나기 때문이지. 따라서 두 번의 위상 이동이 0, 1, 2, 3, …이므로, 한 번의 위상 이동은 0, 0.5, 1, 1.5, …이라는 의미야. 하지만 주기의 성질 때문에 1은 0과 효과가 같고, 1.5는 0.5와 효과가 같아."

"따라서" 제인이 말을 이었다. "다리가 둘인 동물의 걸음걸이는 이처럼 두 가지 대칭만 가질 수 있어. 대칭이 전혀 없는 경우는 제외하고 말이야. 그런 경우가 실제로 있을지 궁금한데⋯⋯." 타잔이 한 다리를 끌고 절뚝거리면서 제인에게 다가왔다. "그래, 바로 그거야! 타잔, 넌 정말 이해가 빨라."

타잔은 제인 옆에 쪼그려 앉더니 자기 가슴 털을 헤치며 작은 소금 알갱이를 분주히 찾고 있었다. 참다못한 제인이 타잔의 손목을 찰싹 때렸다. "다리가 넷인 동물은 분명 더 복잡해." 타잔이 말했다.

"맞아. 네발짐승의 걸음걸이는 많아." 그림 15에는 가장 흔한 여

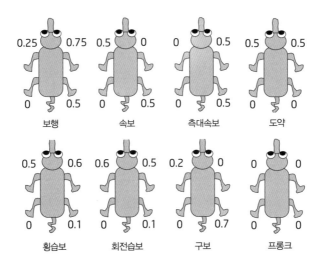

그림 15 네발짐승에게서 흔한 여덟 가지 걸음걸이로서, 다리들의 상대 위상을 보여 준다.

그림 16 기린의 보행에서는 좌우 대칭이 깨진다. 아래쪽의 네 장면은 위쪽의 네 장면과 같지만 좌우가 (지면이 아니라 기린에 대해서) 바뀌어 있다

미로 속의 암소

덟 가지가 나와 있다. **도약**(bound)은 두 다리로 하는 폴짝 뛰기처럼 왼쪽-오른쪽 대칭을 갖는다. 측대속보(pace)는 기린(그림 16)과 낙타에게서 흔한데 인간의 보행(walk)과 비슷하다. 이 걸음걸이에서는 왼쪽과 오른쪽이 바뀌면 반주기만큼 위상이 달라진다.

"내가 이해할 수 없는 것은," 타잔이 생각에 잠긴 듯 말했다. "왜 퀴리 원리가 통하지 않느냐는 거야. 동물의 전체 모습은 대칭적인데 왜 걸음걸이는 그보다 덜 대칭적일까?" 바로 그때 헤프틸럼프라는 코끼리가 숲속 빈터 근처를 어슬렁거리다 타잔을 보고서 기쁜 나머지 큰 소리를 냈다. 타잔도 큰 소리를 내어 인사를 했다. "뭐랄까," 타잔이 말을 이었다. "내 생각에 프롱크 자세로 뛰는 코끼리는 상상할 수조차 없어. 납작할수록 생존 가능성이 높아지니까 ……. 그런 코끼리는 진화하지 못했을 거야."

"대칭 깨짐." 제인이 말을 받았다. "이것 때문에 퀴리 원리가 통하지 않아."

"대칭 깨짐이 뭔데?"

"대칭적인 계가 덜 대칭적인 방식으로 작동할 때 생기는 거야."

"아. 그러니까 퀴리 원리가 통하지 않을 때 생기는 현상이네."

"맞아!"

"그렇다면 …… 퀴리 원리가 항상 통하지 않을 수도 있는 거네. 이제야 이 문제가 아주 명쾌해졌어. 제인."

제인은 성난 암사자처럼 으르렁거렸다. 젠장! 끝내 내가 나서게 만드는군! "타잔, 알아야 할 요점은 퀴리 원리가 통하지 않을 수도 있다는 사실이야. 어째서 그런지 설명할게. 그런데 짐은 어디 있어?"

어린 짐 팬지(Jim Pansy)는 늘 안에 든 바나나를 훔칠 생각으로 오두막 근처에서 어슬렁거리다가 제인에게 금세 붙잡혔다. 제인은 덩굴 끝에 매듭을 묶어서 그 어린 유인원을 그 위에 앉혀 놓았다. 그러면 녀석은 매듭에 매달려 앙앙 소리를 질렀다. 참다못한 제인이 녀석의 입을 막으려고 바나나를 하나 물려 주어야 겨우 그쳤다.

"짐이 가만히 앉아 있고 덩굴이 수직으로 아래 방향으로 걸려 있으면," 제인이 한 수 가르쳐 준다는 태도로 설명을 시작했다. "전체 계는 원형 대칭이야." 타잔이 어리둥절한 표정을 지었다. "그러니까 네가 그 주위를 돌 때 어느 방향에서나 똑같아 보인다는 뜻이야." 타잔은 짐의 얼굴을 살피더니 원형을 그리며 반대편으로 걸어갔다. 그의 표정이 더 어리둥절해졌다. "타잔, 짐이 아무 특징이 없는 둥그런 공 모양이라고 여겨야 해." 그 말을 듣자 타잔은 빙긋거리며 고개를 끄덕였다.

"자, 그럼 이 가지 위로 드리워진 덩굴을 내가 잡고서 아래위로 가볍게 당긴다고 해 보자. 이렇게 말이야. …… 그러면 짐은 아래위로 깐닥거릴 뿐 옆쪽으로는 움직이지 않아. 이 계의 중요 부분, 즉 짐이 매달려 있는 가지에 걸린 덩굴 부분은 여전히 원형 대칭이야. 아래위로 깐닥거리며 움직이는데도 말이지. 하지만 이렇게 하면 어떻게 되는지 봐." 제인이 덩굴을 더 세게 아래위로 잡아당기자 짐은 차츰 포물선을 그리며 앞뒤로 흔들리기 시작했다. 처음에는 조금씩 포물선을 그렸지만 점점 더 커졌다. 그 침팬지는 즐거운 비명을 지르며 두 팔을 흔들다 땅에 떨어졌다. 실험은 이렇게 끝났다.

"이렇게 되는구나." 타잔이 말했다. "하지만 어떻게 된 건지 잘 모르겠어."

"대칭 깨짐 현상이야." 제인이 말을 받았다. "덩굴이 수직으로

　　　　　　　　　　　　　　　　　　　미로 속의 암소

걸려 있을 때는 계가 완전한 대칭 상태야. 하지만 내가 아래위로 당기면 상태가 **불안정**해져. 수학적으로는 그 상태가 여전히 존재하지만 실제로는 관찰되지 않아. 왜냐하면 처음에는 아주 미세하지만 대칭 상태로부터 무작위적으로 차츰차츰 벗어나기 때문이야. 대칭 상태가 유지될 수 없게 되면 자연스레 그 계는 이전과 다르게 움직여. 그래서 부득이하게 덜 대칭적이게 되는 거지."

"아." 타잔이 잠시 멈춘 뒤 다시 말했다. "그런데 '부득이하게'가 무슨 뜻이야?"

제인은 그의 질문을 무시하고 설명을 계속했다. "하지만, 그렇다고 **완전히** 비대칭적이지는 않아. 짐은 한 평면 속에서 앞뒤로 흔들리고 있었어. 그 평면을 거울로 본다면, 짐의 흔들림은 그 거울에 비친 상과 대칭이야. 그게 정상파(定常波)의 한 예이기도 해."

"하지만 그게 다는 아냐." 제인은 짐을 일으켜 세우더니, 또 바나나 하나를 그의 입속으로 넣어 달랜 다음 다시 덩굴에 매달았다. "짐이 보여 줄 수 있는 또 다른 유형의 주기적 진동이 있어." 제인이 밀자 짐은 원을 그리며 돌았다. "이 운동이 원형 대칭이라고 여길 수도 있겠지만, 사실은 그렇지 않아. 어떤 각도를 주어 계를 회전시키면 그 계는 완전히 똑같아 보이지 않게 되거든."

"아. 거울에 비친 걷기와 마찬가지구나. 전체적으로는 동일한 운동처럼 보이지만, 어떤 특정 시간에 위치가 달라진다는 거지."

"맞았어. 그런데 정확히 무슨 뜻인지 알겠니?"

"아주 비슷하긴 하지만 타이밍이 다르다는 뜻이야 …… 이 또한 위상 이동인 셈이지."

"제대로 이해했구나. 그 계를 회전시키면서 적절한 시간 지연을 가한다면, 이전과 **똑**같아 보여. 이 경우에는 시간 지연이 회전과 마찬가지 의미야. 왜냐하면, 예를 들어 한 바퀴의 0.4만큼 회전하려면 한 주기의 0.4만큼의 시간 지연이 따르게 되니까 말이야. 이걸 **회전파**라고 해."

"아카시아 나무 위에 올라가서 그렇게 해 보고 어떻게 되는지 알아볼게." 업무 실적에 관한 책을 타잔에게 괜히 가져다주었다는 생각이 제인에게 들기 시작했다. "완벽한 대칭 상태가 불안정해질 때 그 대칭은 깨져서 정상파 또는 회전파 중 어느 하나로 변해. 정상파는 순전히 공간적인 대칭이야. 거울에 비춰 봐도 똑같다는 말이야. 반면에 회전파는 시공간이 혼합된 대칭이야."

"그래. 바로 그렇구나!" 타잔이 가슴을 두드리며 의기양양하게 고함을 지르자 제인은 머리를 절레절레 흔들었다. 점잖은 자리에서는 전혀 어울리지 않을 행동이다. 이 원숭이 인간은 아직 교육이 부족하다. "하지만 원형 대칭이 완전히 사라진 건 아니야." 제인이 다시 덩굴을 쥐었다. 짐의 얼굴이 걱정스러워 보였다. "수직 평면을 하나 골라."

"여기서부터 저 칠레삼나무 쪽으로 수직 평면을 정하자." 타잔이 말했다. 제인이 짐을 그 방향으로 밀었다. 그러자 이 유인원은 타잔이 정한 그 평면 내에서 앞뒤로 진동했다. "어떤 평면에서 이렇게 되겠니?"

"내 생각에는 어떤 평면이든 상관없어." 원숭이 인간 타잔이 말했다. "평면이 수직이고 덩굴이 가지와 만나는 점을 통과하기만 한다면 말이야."

"맞아. 대칭축을 통과하는 평면이면 돼. 그런 평면들끼리는 서로 어떤 관계일까?"

"흠 …… 서로 모두 회전해서 얻어진 것이야. 알겠어! 아무리 회전해도 모습이 달라지지 않는 단일한 상태, 즉 완전한 대칭 상태 대신에, 모두 서로 얼마만큼씩 회전하는 관계인, 덜 대칭적인 상태들이 여러 가지 생긴 거야."

"맞아. 여러 운동들의 전체 집합은 여전히 원형 대칭이야. 임의의 한 운동을 회전시키면 이 집합 내의 또 다른 운동이 얻어진다는 의미에서 말이야. 하지만 그게 처음에 시작했던 운동이 아닐지도 몰라. 아무튼 대칭이 깨진 것이 아니라 여러 운동들 사이에 공유된 셈이야."

바로 그 순간, 얼룩이 있는 주황색 물체가 쏜살같이 달려오더니 울부짖으며 타잔과 부딪혔다. 둘은 한 무더기가 되어 땅에서 뒹굴었다. 잠깐 엎치락뒤치락 하더니, 원숭이 인간 타잔은 활짝 웃으면서 일어났다. 큰 치타를 품에 안고 있었다. "이것 봐. 얼룩이가 찾아왔어."

"맞아. 더군다나, 내가 보기에, 횡습보(transverse gallop)로 왔어." 제인이 말했다. "그건 가장 덜 대칭적인 걸음걸이에 속해." (그림 17)

"그래도 대칭이 있기는 있겠지?"

"위상 이동을 통해 그걸 알아낼 수 있어." 제인이 말했다(그림

그림 17 치타의 횡습보

15를 보기 바란다.). "횡습보의 경우, 대각선상으로 반대편에 놓인 다리들은 대략 0.5의 위상차를 가져. 그리고 흥미로운 위상차가 하나 더 있는데, 바로 앞 왼 다리와 앞 오른 다리 사이의 0.1 위상차이야. 이것은 **아주** 전문적인 내용이어서 설명하지 않고 넘어갈게. 아마도 동물이 에너지를 효율적으로 사용하려는 성향과 관련이 있는 것 같아. 어쨌든 대칭은 이래. 대각선상의 두 다리씩 움직일 때 반주기만큼 위상차가 난다는 거야."

"어떤 종류의 대칭 깨짐으로 인해 그런 식의 운동이 일어나는데?" 타잔이 물었다. 하지만 해가 지고 있었다. 그래서 모두들 각자의 오두막으로 돌아갔다.

다음날 아침 제인은 엄청나게 시끄럽게 꽥꽥대는 소리에 잠이 깼다. 한 무리의 원숭이들이 내는 소리 같았다. 어제 함께 있던 숲 속의 빈터를 쳐다보니 별난 광경이 눈에 들어왔다. 타잔이 네 그루 나

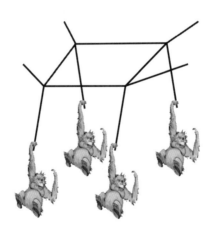

그림 18 타잔의 중앙 패턴 생성기 시뮬레이션

미로 속의 암소

무 사이에 덩굴을 복잡하게 연결해 놓고서(그림 18), 바나나를 미끼로 어린 침팬지들을 덩굴의 네 모서리에 매달리게 하려고 애쓰고 있었다. **원숭이가 아니라 유인원이긴 해. 큰 차이는 없겠지만.**

"생물학자들이 중앙 패턴 생성기라고 부르는 모형이야." 타잔이 빙긋거리며 말했다. "책을 좀 읽었어. 각각의 침팬지는 다리를 제어하는 동물의 신경 회로의 한 구성 성분을 나타내. 덩굴은 신경들이 서로 영향을 미치도록 이어 주는 연결망이야. 회로의 역학에 따라 걸음걸이의 리듬이 제어되는 거야. 이것 봐!" 타잔이 침팬지 한 마리를 밀자 흔들리기 시작했다. 그 영향이 이어진 덩굴을 따라 전해져서 곧 다른 침팬지들도 함께 흔들렸다. 한 침팬지가 다른 녀석의 바나나를 뺏으려고 점프하자 패턴이 더 복잡해졌다.

"단지 하드웨어 문제일 뿐이야." 타잔은 이렇게 말하며 고약한 그 녀석을 집어서 다시 덩굴의 원래 자리에 놓았다. "기본 개념에는 아무 문제가 없어. 각 네트워크에서는 전범위의 진동이 가능해. 그런 까닭에 한 동물이라도 속력, 영역 등에 따라 여러 가지 걸음걸이를 구사할 수 있어. 이와 같은 정사각형 배열을 이용해서 아주 많은 표준 걸음걸이들을 얻을 수 있어. 그런데 이상하게도 내가 얻어 낼 수 없을 것처럼 보이는 게 걷기(보행)야. 그건 일종의 8자 모양의 회전 파인데, 앞 왼쪽, 뒤 오른쪽, 앞 오른쪽 그리고 뒤 왼쪽 다리 순서로 0.25의 위상차를 가지며 움직여. 하지만 덩굴을 재배열해서 측면 연결 둘을 서로 엇갈리게 하면 그런 걸음걸이를 얻을 **수 있어.**"

"네 제안을 내가 제대로 이해했는지 살펴보자." 제인이 말했다. "너는 상호 연결된 진동자로 이루어진 다양한 네트워크를 살펴보면서, 어떤 종류의 대칭 깨짐이 일어날 수 있는지 알아내고 있어. 그 다음에 그 결과를 실제의 걸음걸이와 맞추어 보려고 해. 각각의 다리가 하나의 진동자로 제어된다는 가정 아래 말이야."

"그래 맞아. 내 생각에는 **누구라도** 그런 걸 알 수 있다고 봐. 각 '진동자'가 실제로는 매우 복잡한 회로일 수 있겠지만 말이야. 중요한 점은 내 해석이 통한다는 거야! 자, 여러 걸음걸이 가운데 도약을 얻고 싶다고 해 봐. 그러면 앞의 두 '다리'를 함께 움직이면서 동시에" 타잔은 말을 하며 숲속 빈터의 다른 쪽 끝으로 달려갔다. "다른 두 다리를 함께 움직이게 하는 거야. 0.5의 위상차로 말이야. 물론 하고 싶은 대로 아무 패턴으로나 침팬지를 흔들면서 **시작할** 수도 있어. 하지만 몇 가지 패턴만 오랫동안 지속돼. 나머지 패턴들은 모두 엉망이 되고 말아. 그래서 몇 가지 패턴만이 이 네트워크의 자연스러운 진동 패턴임을 난 알게 되었어. 이런 까닭에 속보, 측대속보, 프롱크는 쉽게 얻어져.

습보의 두 유형도 그다지 어렵지 않아. 하지만 침팬지들이 구보를 하도록 설득하기는 아주 어려워! 아마 이 벌레를 없애려면(iron out bugs, '문제를 해결하다'를 의미한다. ― 옮긴이) 바나나가 더 많이 필요할 것 같아."

"타잔, 그런 놀랍고도 복합적인 비유가 아니더라도, 구보는 정말 특이한 걸음걸이기는 해." 제인이 말을 이어가려는데, 타잔은 수풀 속으로 달려가더니 외쳤다. "벌레야! 벌레! 이 원리는 벌레한테도 통해야 해!" 타잔은 큰 녹색 딱정벌레를 흔들며 나타나더니 그걸 돌 위에 올려놓았다. 처음엔 머뭇거리더니 그 곤충은 살금살금 기어갔다.

"삼각 걸음걸이야." 제인이 말했다. "세 다리를 한꺼번에 보면, 서로 0.5만큼 위상차가 나(그림 19). 한쪽의 앞다리와 뒷다리 그리고 다

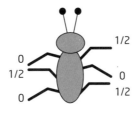

그림 19 곤충의 세발 걸음걸이

른 쪽의 가운데 다리가 나머지와 0.5만큼 위상차가 나는 거야. 멋진 대칭이야."

늦은 오후 무렵 타잔은 덩굴 6개를 이어 육각형 모양의 망을 만들었다. 어리둥절한 침팬지 여섯 마리가 각 덩굴에 매달려서 삼각 걸음걸이 패턴으로 신나게 흔들리고 있었다. 침팬지들은 0.5의 위상차를 가지며 번갈아 안팎으로 흔들렸다.

그날 밤 잠이 들 무렵 제인은 이런 생각을 하고 있었다. '**타잔이 더 이상 궁금해 하지 않으면 좋을 텐데……**' 하지만 생각을 마무리하지 못한 채 잠이 들고 말았다.

동이 튼 직후에 제인은 큰 나무가 넘어가는 소리에 잠이 깼다. 일찍이 들어본 적 없던 끔찍한 비명 소리가 뒤따랐다. 긴 트랙을 마련하려고 타잔이 빈터를 넓히고 있었던 것이다. 아주 큰 덩굴 더미가 트랙의 양쪽을 따라 놓여 있었고, 오두막만 한 크기의 바나나 무더기가 한쪽 끝에 쌓여 있었다. 침팬지들이 사방에서 뛰쳐나와 달려들고 있었다. 제인이 세어 보니 적어도 분명 100마리는 되었다.

사실은 정확히 100마리였다. 제인이 전날 밤에 못다 한 생각이 이렇게 마무리되었다. '**타잔이 지네에 대해 궁금해 하지 않으면 좋을 텐**

데…….' 지네가 실제로 100개의 다리를 갖고 있지는 않는데도 타잔은 곧이곧대로 믿는 성격이었다(지네를 뜻하는 영어 단어 'centipede'는 '100개의 다리'를 뜻한다. — 옮긴이).

또 다시 제인이 두려움에 휩싸였다. '아 이런! 타잔이 노래기를 생각해 내지 않아야 할 텐데…….'(노래기를 뜻하는 영어 단어 'millipede'는 '100만 개의 다리'라는 뜻이다. — 옮긴이)

미로 속의 암소

웹사이트

일반적인 내용

http://en.wikipedia.org/wiki/Animal_locomotion

http://en.wikipedia.org/wiki/Terrestrial_locomotion_in_animals

말

http://en.wikipedia.org/wiki/Horse_gait

곤충

http://www.mindcreators.com/InsectLocomotion.htm

초기의 사진들, 동영상도 포함

http://commons.wikimedia.org/wiki/Eadweard_Muybridge

http://en.wikipedia.org/wiki/Eadweard_Muybridge

6

매듭으로
타일 붙이기

정사각형 타일, 직사각형 타일, 육각형 타일,
곡선 타일. 수학자들은 타일의 패턴에
매혹되었고 타일의 융통성에 놀랐고, 아울러
타일에 관해 아주 단순해 보이는 의문들이
알고 보니 대단히 어려운 것이어서 당혹스러워
했다. 하지만 매듭 타일에 대해서 여러분은
생각해 본 적이 있는가?

평면을 메우는 타일 형태, 즉 겹치지 않고 평면을 완전히 채우는 형
태는 취미 수학과 주류 수학 양 분야에서 빈번히 등장하는 주제이
다. 3차원 공간을 '타일로 채우는' 입체 또한 많은 관심을 끌어왔다.
실제로 아주 많은 사람들이 이런 문제를 다루어왔기 때문에 더 이상
새로울 것이 없다고 여길 법도 하다. 하지만 전혀 그렇지 않다는 것
을 콜린 콘래드 애덤스(Collin Conrad Adams, 윌리엄스 대학교)가《매스
매티컬 인텔리전서(*Mathematical Intelligencer*)》에 기고한 기사에서 나는
새삼스레 느꼈다. 애덤스는 매우 복잡한 위상 기하학적 구조를 가진

3차원 타일을 만드는 일반적인 방법을 발견했다. 특히 그런 타일은 매듭 형태일 수도 있다.

애덤스의 3차원 타일 쌓기는 전부 **프로토타일**(prototile)이라는 한 단일 형태의 복제물들로 구성된다. 가장 단순한 3차원 타일은 프로토타일로 정육면체를 사용한다. 정육면체를 3차원 체커보드처럼 쌓는 것이다. 이 '정육면체 격자' 타일 쌓기는 평범해 보일지 모른다. 하지만 앞으로 보게 되겠지만, 살짝 변형을 가하면 놀랄 만큼 복잡한 위상 기하학적 구조를 가진 타일이 생겨난다.

위상 기하학은 '고무판 기하학'으로서 연속적인 변환의 기하학이다. 다시 말해, 이 학문은 어떤 형태를 늘리거나 찌그러뜨리거나 굽히거나 뒤틀거나, 즉 (찢거나 자르지 않고서) 일반적으로 연속적인 방식으로 변형시켰을 때 변하지 않는 형태의 성질을 연구한다. 그런 변형 형태를 위상 기하학적 등가 형태라고 부른다. 예를 들어 정육면체는 구와 위상 기하학적으로 등가이다. 꼭짓점 부분들을 부드럽게 만들면 되기 때문이다. 위상 기하학적 성질들에는 연결성과 매듭성 같은 근본적인 개념들이 포함되어 있다.

위상 기하학자들이 가장 좋아하는 형태로 도넛이나 자동차 타이어와 비슷한 형태인 토러스가 있다. 이 책의 목적상 여기서는 토러스 원환체를 다룬다. 설탕이 묻은 표면이 아니라 도넛의 매끄러운 반죽 부분이라고 보면 된다. 위상 기하학적으로 생각하려면, 우선 토러스와 위상 기하학적으로 등가인 프로토타일을 만들어야 한다. 책을 더 읽기 전에 먼저 그런 프로토타일을 생각해 보자. 그림 20a에 그러한 해답이 하나 나와 있다. 이 프로토타일은 가운데에 정사각형 구멍이 뚫려 있는 정육면체이다. 이 구멍과 단면이 같은 두 '돌기'가 서

미로 속의 암소

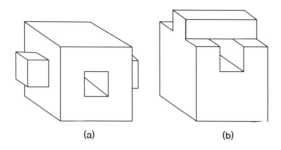

(a)   (b)

그림 20 (a)정육면체에 구멍을 뚫고 이것과 들어맞는 돌기를 붙여서 만든 토러스 원환체 타일. (b) 또 다른 방식으로 만든 토러스 원환체 타일.

로 마주한 두 면의 가운데에 붙어 있다. 각 돌기의 길이는 구멍 길이의 절반이다.

위상 기하학적으로 보면, 이 프로토타일은 단지 토러스 원환체일뿐이다. 진흙을 빚어 이 모양을 만들었다면 돌기를 눌러서 평평하게 만든 다음 꼭짓점 부분들을 둥글게 하면 전통적인 도넛 모양이 나오기 때문이다. 이 프로토타일들을 체스 판의 정사각형들처럼 놓으면 한 정육면체 두께의 평평한 판을 만들 수 있다. 즉 프로토타일을 체스 판의 검은 정사각형과 흰 정사각형이라고 생각하고 2개의 프로토타일을 서로 직각으로 향하게 해서 끼우면, 돌기가 구멍에 깔끔하게 들어맞아 구멍을 메운다. 그러고 나면 이런 판들을 서로 아래위로 쌓으면 된다.

나무로 이 프로토타일을 실제로 만들 수 있는데, 그러면 이 타일들끼리 서로 들어맞는다. 이들은 공간을 타일로 메우기는 하지만 서로 맞물리지는 않는다. 그림 20b에 나오는 또 다른 프로토타일들은 서로 맞물린다. 이제부터는 프로토타일들이 서로 맞물리도록 허용한다. 우리는 공간을 채우는 수학적인 타일 패턴을 찾는 데 집중할 뿐, 개별 타일로 그런 패턴을 실제로 어떻게 조합할지에 대해서는 신경 쓰지 않는다.

이 두 가지 해법은 '골라서 합치기(pick-and-mix)' 원리를 설명해 준다. 이것은 평면에서 가장 확실하게 알 수 있다(그림 21). 단순한 타일 붙이기, 그중에서도 정사각형 패턴에서 시작하자. 각 타일을 여러 조각으로 나누는데, 이때 모든 타일을 똑같은 조각으로 나누자. 이제 각 조각에서 하나씩 골라서 새로운 프로토타일을 조합해 내자. 이때 반드시 원래 정사각형에서 조각을 골라내지 않아도 된다. 그 결과 생긴 프로토타일은 당연히 평면을 채우는 타일이 된다. 비슷한 방식이 3차원 공간에도 적용된다. 이를 변형해, 어떤 규칙적인 방식에 따라 프로토타일을 다른 방향으로 배치함으로써 단순한 타일 패턴을 만들 수도 있다. 그림 20에서 설명한 타일 붙이기는 골라서 합치기 원리를 정육면체 격자에 의한 공간 타일 붙이기에 적용한 것으로 볼 수 있다. 그림 20a의 경우, 기본 정육면체는 세 조각으로 나누어진다. 즉 터널이 하나 뚫린 정육면체 하나와 그 터널 길이의 절반인 2개의 돌기로 나누어진다. 그림 20b의 경우에는, 기본 정육면체는 정사각형 단면의 홈이 파인 정육면체 하나와 그 홈을 덮는 직육면체 상자 하나로 나누어진다. 만약 이 정육면체들을 적절한 방향으로 한 격자를 이루도록 쌓으면, 그리고 조각들을 알맞게 배열해 이웃 정육면체에 들어맞게끔 하면, 그림 21에서 설명한 대로 타일을 붙일 수 있다.

'돌기와 구멍(lug-and-hole)' 만들기를 쉽사리 변형해 토러스에 둘 이상의 구멍을 뚫을 수 있다. 즉 한 줄로 늘어선 여러 개의 나란한 구멍을 뚫고서, 각각 이 구멍 길이의 절반이면서 이 구멍에 맞는 돌

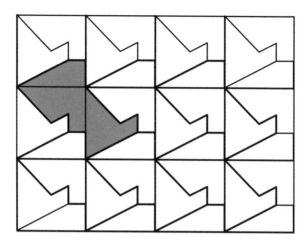

그림 21 골라서 합치기 원리. 여기서는 정사각형으로 평면에 타일을 붙이는 방법에 대한 설명이다. 각 정사각형을 여러 조각으로 나눈다. 그 다음에 둘 이상의 정사각형에서 조각을 하나씩 골라내 이 조각을 합쳐 프로토타일을 만든다.

기의 쌍들을 여러 개 붙일 수 있다. 더 나아가, 이와 동일한 기본 아이디어를 바탕으로 '구멍을 지닌 정육면체'라는 더 기이한 위상 기하학적 구조를 지닌 타일이 생겨난다. 구멍을 지닌 정육면체를 얻기 위해, 우선 정육면체에서 시작하자. 이어서 그 속을 통과하는 여러 개의 터널을 뚫는데, 이때 언제나 윗면에서 뚫기 시작해 밑면에 이르기까지 끝까지 뚫는다. 이 터널들은 서로 구불구불 휘어진 모양으로 매듭진 고리를 이룰 수 있으며, 보통은 위상 기하학적으로 매우 복잡하게 서로 얽혀있다. 구멍을 지닌 정육면체는 어떤 것이든 변형시켜 위상 기하학적으로 등가인 프로토타일을 만들 수 있다. 단순히 각 터널을 둘로 나누어 터널의 절반 길이에 해당하는 돌기를 정육면체의 왼쪽과 오른쪽 면에 붙이면 된다. 이 프로토타일들은 그림 20a에 나와 있는 것과 똑같은 방식으로 서로 들어맞는다. 이번에도 골라서 합치기 원리를 적용하면 된다.

게다가 돌기를 붙여도 원래의 구멍을 지닌 정육면체의 위상 기하학적 구조는 바뀌지 않는다. 돌기가 붙을 면이 바깥쪽으로 불룩해졌다고 보면 되기 때문이다. 이것을 '싹 나기 원리(sprouting principle)'라고 부르자. 어떤 형태에서 여분의 돌기가 싹이 나듯 생겨도 위상 기하학적 구조는 그대로 동일하게 유지되기에 붙여진 이름이다. 여기에는 한 가지 중요한 제약이 따른다. 그 돌기 자체에 구멍이 생겨서는 안 된다. 왜냐하면 이것은 연속적인 변형이 아니기 때문이다. 더 정확히 말하자면, 돌기는 정육면체와 위상 기하학적으로 등가여야 하며, 아울러 정육면체의 오직 한 면에만 붙어야 한다(위상 기하학자가 보기에, 한쪽 면에 달린 가늘고 구불구불한 긴 관은 그 면에 달린 정육면체와 등가이다.).

이런 것이 일반적이지만, 여러 가지 흥미로운 위상 기하학적 형태들은 구멍난 정육면체와 등가가 아니다. 이런 형태들을 다루기 위해 애덤스는 훨씬 더 영리한 또 한 가지 기법을 들고 나온다. 나는 단순한 옭매듭(삼엽형 매듭) 형태로 묶인 토러스 원환체를 써서 이 기법을 설명할 텐데 어떤 형태의 매듭이든 이것과 매우 비슷한 방식이 통한다. 기본 개념은, 조각들을 합치면 정육면체가 되는 주형(거푸집)을 이용해 청동 속에 삼엽형 매듭을 어떻게 주조해 낼 수 있느냐는 것이다. 그 다음에 골라서 합치기 원리(pick-and-mix principle)를 적용한다. 알려진 바로는, 매듭의 위상 기하학적 구조를 유지하려면 주형의 조각들은 반드시 위상 기하학적으로 정육면체와 등가여야 한다.

그림 22a가 그러한 주형을 보여 준다. 두 조각은 한 면에 (검은 바

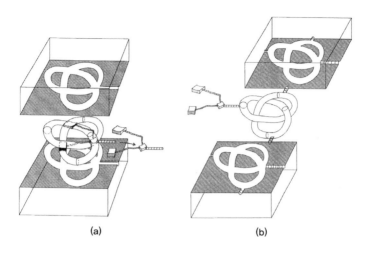

(a)   (b)

그림 22 (a) 서로 합치면 정육면체가 되는 세 부분으로 이루어진 주형으로 삼엽형 매듭 주조하기. (b) 골라서 합치기 원리를 적용해 이러한 방법으로 이루어진 프로토타일. 복잡한 모양이지만, 싹 나기 원리에 따르면 이것은 삼엽형 매듭과 위상 기하학적으로 등가이다.

탕에 삼엽형 매듭 모양의) 움푹 들어간 부분이 있는 절반의 정육면체이고, 세 번째 조각은 나무처럼 생긴 이상한 구조이다. 이 나무의 역할은 매듭의 겹치는 영역들을 결합시켜 그것을 구멍이 많은 토러스로 변환하는 것이다. 이 나무는 정사각형 모양의 세 부분으로 이루어져 있는데, 이 세 부분이 겹치는 영역을 결합시킨다. 이 세 부분은 가는 관으로 함께 이어져 있으므로, 세 부분 대신에 오직 하나의 여분의 조각만 있으면 된다. 이 조각은 위상 기하학적으로 정육면체와 등가이다. 주형의 위 조각과 아래 조각은 서로 끼우면 보통의 정사각형 면을 지닌 정육면체가 된다. 단지 매듭과 나무에 해당하는 부분은 예외이다. 나무의 줄기는 전체 정육면체의 모서리로 확장된다.

왜 이처럼 복잡한 여분의 나무가 필요할까? 두 조각만을 가진 주형으로는, 이 조각들을 정육면체와 위상 기하학적으로 등가로 유지하면서 삼엽형 매듭을 주조할 수 없기 때문이다. 나무는 이런 방식으로 주조될 수 있는 형태로 매듭을 변환시켜 준다.

세 조각으로 이루어진 주형을 만들었으니 이제 골라서 합치기 원리를 써서 그림 22b에 나와 있는 프로토타일을 만들어 보자. 하나의 정육면체 격자에서 시작하자. 이 격자 속의 정육면체들은 4개의 조각으로 나누어진다. 하나의 삼엽형 매듭과 더불어 이미 설명한 세 조각으로 이루어진 주형이 그것이다. 하나의 정육면체 격자 속에서 그런 정육면체들로 차 있는 공간을 상상하자. 이어서 그림 22b에 보이는 대로 각 조각을 하나씩 고른다. 즉 한 정육면체에서 매듭을, 뒤쪽(그림 22b의 위쪽)에서 윗부분의 정육면체 절반을, 앞쪽(그림 22의 아래쪽)에서 아랫부분의 정육면체 절반을, 그리고 왼쪽에서 나무를 고른다. 몇 개의 홈을 파내고 반원형의 단면을 가지며 이 홈과 들어맞는 관을 그림에서처럼 붙인다. 이제 이 조각들을 한데 붙이면, 비록 정교한 작업이기는 하지만, 하나의 프로토타일이 생긴다. 특이하게 구불구불한 막대 구조이지만, 이 프로토타일은 원래의 삼엽형 매듭과 위상 기하학적으로 등가이다. 그 까닭은 싹 나기 원리 때문이다. 즉 이 프로토타일은 세 돌기를 삼엽형 매듭에 붙여서 생기는데, 복잡한 모양이지만 이 돌기들이 정육면체와 위상 기하학적으로 등가이기 때문이다.

이 방법이 비록 위상 기하학적으로는 아름답지만 조금 복잡한 형태이다 보니, 여러분은 당연히 좀 더 일반적인 매듭 형태를 보고 싶을 것이다. 애덤스는 그런 형태를 만드는 방법도 제시한다. 그는 하나의 정육면체에서 시작해 그것을 합동인 여러 개의 매듭진 조각으

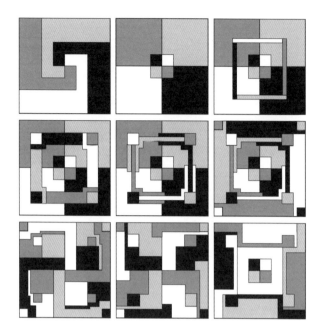

그림 23 한 정육면체를 연속적으로 자른 조각들은 대칭으로 놓인 4개의 삼엽형 매듭으로 이루어져 있다. 이 매듭 패턴을 얻으려면, 조각들을 서로 쌓은 다음에 같은 색으로 칠해진 이웃 영역들을 함께 붙인다.

로 자른다. 그림 23은 대칭 관계인 4개의 삼엽형 매듭으로 나누는 방법을 설명한다. 하나의 정육면체 격자에서 시작해 각 정육면체를 이 그림에서처럼 4개의 삼엽형 매듭으로 나누면, 공간을 삼엽형 매듭 패턴의 타일로 붙일 수 있다.

매듭진 타일에는 풀리지 않은 문제들이 많이 남아 있다. 그중 취미 수학자들에게 적합한 문제를 하나 소개한다. 하나의 정육면체에서 시작해 그것을 n^3개의 작은 정육면체로 나눈다고 하자. 당연히 각각의 크기는 원래의 $1/n$이다. 이제 나눈 정육면체들을 네 가지 색으로 칠해, 어떤 특정 색이 칠해진 나뉜 정육면체들이 삼엽형 매듭과 위상 기하학적으로 등가인 형태가 되게 해 보자. 이때 그림 23에서처럼 4개의 매듭이 직각으로 회전하면서 대칭인 관계를 맺게끔 하자. 여기서 이런 질문이 제기된다. 이렇게 될 수 있는 가장 작은 n의 값은 무엇일까?

그림 23의 각 정사각형을 적절하게 알맞은 격자무늬로 덮어 보면 n의 값이 충분히 크다는 사실을 확신할 수 있다. 정확한 값을 찾는 즐거움은 독자 여러분에게 남겨두겠다. 풀리지 않은 문제는 더 작은 격자무늬에 바탕을 둔 비슷한 다이어그램이 존재하느냐의 여부이다. 4개의 매듭이 대칭적인 관계가 되려면 n이 짝수여야 한다는 점에 유의하자. 그리고 n의 값이 작은 경우는 쉽게 제외된다. 그리고 대칭 조건을 없애면 n의 최솟값이 더 작아질 수 있는지의 여부를 살펴보아도 좋을 것이다.

미로 속의 암소

마이클 하먼(Michael Harman)은 영국의 캠벌리에 사는 변리사인데, 매듭 진 타일을 찾는 여러 가지 참신한 방법이 담긴 긴 편지를 한 통 보냈다. 특별히 흥미로운 아이디어는 '토러스 매듭'으로 시작하는 것이었다. 이 매듭은 토러스 주위로 긴 끈을 감은 형태이다(그림 24). 이런 끈과 합동인 여러 끈들은 토러스 표면을 타일 패턴으로 채울 수 있는데, 이런 타일 붙이기를 확장해, 타일들을 합동인 채로 유지하면서, 그 내부를 채울 수도 있다.

잘 알려져 있듯이, 한 정육면체는 합동인 2개의 토러스로 분할될 수 있다. 하먼은 이 두 토러스 중 각각이 합동인 2개의 매듭으로 분할될 수 있기에, 한 정육면체를 합동인 4개의 매듭으로 분할할 수 있다고 주장한다. 그는 또 이렇게 덧붙인다. "분할된 두 토러스는 직접적으로 일치하거나 아니면 서로 거울 영상이라는 사실을 언급하는 것도 가치가 있습니다."

그림 24 토러스 매듭. 이 매듭은 구멍을 통과하면서 여덟 번 감기는데, 세 번 회전할 때마다 전체 토러스를 한 번 감싼다.

웹사이트

일반적인 내용

http://www.scienceu.com/geometry/articles/tiling/

http://mathworld.wolfram.com/Tiling.html

http://en.wikipedia.org/wiki/Tessellation

비주기적 타일 붙이기

http://en.wikipedia.org/wiki/Penrose_tiling

3차원 타일 붙이기

http://en.wikipedia.org/wiki/Convex_uniform_honeycomb

토러스 매듭

http://en.wikipedia.org/wiki/Torus_knot

http://mathworld.wolfram.com/TorusKnot.html

매듭 목록

http://www.math.toronto.edu/~drorbn/KAtlas/Knots/

매듭 불변량

http://en.wikipedia.org/wiki/Knot_theory

7

미래를 향해 1.
시간 속에 갇히다!

시간 여행은 H. G. 웰스가 1세기 전에 『타임머신』을
쓴 이후로 공상 과학 소설의 한 주제가 되었다. 지난
몇십 년 동안 이 주제는 또한 상대성 물리학의
주제이기도 했다. 많은 모순에도 불구하고, 현재까지
알려진 물리학 법칙들은 시간 여행의 가능성을 배제하지
않고 있는 듯하다. 호크로즈 앤드 펜킹 중공업에 온
것을 환영한다.

호크로즈 앤드 펜킹 중공업에서 교대 근무를 막 마치려는 참에 어
디선가 희미하게 끼익거리는 소리가 들렸다. 가상 현실 시뮬레이션
구역에서 나는 소리 같았다. 그곳은 늦은 밤에는 쥐죽은 듯 조용한
곳이었고 근처에 있는 사람은 나뿐이었다. 무슨 소린지 알아봐야 했
지만 솔직히 나는 긴장하고 있었다. 사이버스페이스 상의 침입일 수
도 있었다. 물리적 보안은 3001년에는 뚫릴 수가 없었다. 예를 들면
DNA 감지 로봇 경비원이 있으니 말이다. 하지만 전자적 보안은 전
혀 다른 문제이다. 전자 공학을 갈고닦은 영리한 해커들이 판치는 세

상이니까.

그쪽 연구실은 매캐한 연기로 가득 차 있었다. 있을 수 없는 일이지만 물리적인 침입이 분명했다. 내 몸에 땀이 흐르기 시작했다. 차츰 그 연기가 걷혔다.

연구실 가운데에 이상한 장치가 놓여 있었다. 빛나는 금속, 유리, 황백색 플라스틱처럼 보이는 소재로 만들어진 정교한 물체였다. 외관은 구식이었다. 한가운데 누군가 검은 외투로 몸을 감싼 채 앉아 있었다. 그가 움직였다.

"**경비원!**" 내가 고함을 질렀다. "이 연구실은 밀폐되어 있소. 손을 들고 나오시오. 레이저, 페이저(phaser, 영화 「스타트렉」에서 처음 소개된 광선총 — 옮긴이), 로켓 발사기, 어떤 무기도 건드리지 마시오. 만약 그랬다가는 이곳의 바이오사이버네틱 방어 시스템이 작동해 당신은 즉각 소멸하고 말 거요." 나는 엄포를 놓았다. 아마 그는 엄포인지 몰랐을 것이다. 그가 장치에서 내려왔다. "당신의 정체는?" 내가 물었다.

"우, 내 이름을 통보받고 싶은가요?"

그의 말투는 공손했지만 아주 구식이었다. 무슨 짓을 하려고 여기 온 것일까? "정체를 빨리 대시오." 내가 몰아붙였다.

"시간 여행자라고 해 두지요. 저는 허버트 웰스의 친구입니다."

허버트라면, 잠깐, 허버트 **조지** 웰스(Herbert George Wells)를 말하는 건가? 유명한 공상 과학 작가인 H. G. 웰스? "그렇다면, 보통 희한한 일이 아니군." 이렇게 말하며 나는 그를 벽에 밀어붙이고서 몸을 뒤졌다. 아주 이상한 물건들을 몇 가지 찾아냈는데, 그중에 깃털 펜도 있었다. 나는 그 장치를 자세히 살폈다. 그것은 강철, 주석, 유리 그리고 수정으로 만들어졌으며, 아름답게 가공된 놋쇠 부품들이 부

미로 속의 암소

착되어 있었다. 어떤 부분들은 나도 모르는 흰 플라스틱 재료로 되어 있었다.

그의 이야기가 말이 안 되는 줄은 알았지만 어쩐지 믿음이 갔다. 그 장치는 일종의 고대의 느낌, 즉 진정한 골동품의 분위기가 났다. 공학에 관해서라면 나도 일가견이 있으니 말이다.

"일시적으로나마 당신 이야기를 믿어 보겠습니다." 내가 누그러뜨리며 말을 이었다. "도대체 어떻게 그리고 왜 여기 왔습니까?"

"어쩔 수 없었습니다. 먼 미래로 가는 중이었는데 연기 냄새를 맡았습니다. 기계를 껐지만 너무 늦었지요. 시간 선택 기어의 톱니가 빠졌답니다." 그는 잠시 기계 속에서 뭔가를 만지작거리더니 플라스틱으로 된 아주 흉물스러운 원반형 부품 하나를 꺼냈다. 한 줄기의 연기가 아직도 피어오르고 있었다. "부탁드리는데, 이 부품을 새로 만들어 주실 수 있습니까?"

"상황에 따라 다릅니다." 내가 답했다. "어떤 종류의 플라스틱이 필요합니까?"

"실례지만, 선생님. '플라스틱'이 무엇입니까?"

아주 뛰어난 연기자이거나 아니면 진심으로 하는 말이었다. 그는 플라스틱이 무엇인지 몰랐다. 내가 말했다. "저것과 같은 흰 물질입니다."

"아, 이거요? 코끼리 상아입니다. 이게 목적에 맞는 유일한 재료입니다. 동물의 몸에서 나온 것이지만, 분명 매우 흔한 재료랍니다."

그 순간에 나는 확신이 들었다. 3001년에는 **누구도** 상아를 가질 수 없었다. 우선, 상아 교역이 1000년 동안 금지되었다. 또 다른 이유로, 마지막 코끼리가 도살된 것이 벌써 950년 전의 일이었으니 말이다. 남아 있는 상아는 박물관에 있다. 가격을 매길 수도 없는 이 상아는 지금은 오래 되어서 누리끼리하다.

그가 갖고 온 것은 **신선했다.**

"전혀 가망이 없습니다." 이렇게 말하며 새 기어 톱니를 만드는 데 쓰일 그 재료를 얻을 수 없는 까닭을 설명해 주었다.

시간 여행자는 눈물을 터뜨리기 직전이었다. "그러면 전 시간 속에 갇혔군요." 그가 탄식하듯 내뱉었다.

"어쩌면 그렇지 않을지도 모릅니다." 내가 말했다. "방법이 있다면, 호크로즈 & 펜킹 중공업이 찾아낼 겁니다. 자, 그럼 이 장치가 어떻게 작동하는지 설명해 주면 어떻게 할지 제가 알아보겠습니다."

그는 애써 자신을 추슬렀다. "《더 뉴 리뷰(*The New Review*)》의 1894-5년 호에 내 친구 웰스가 「타임머신(The Time Machine)」이라는 소설을 발표한 것을 기억하실지 모르겠습니다."

나도 기억이 났다. 내 취미는 고대 문학사였으니 말이다. 하지만 어지간해서는 잡지의 발간년도까지 알 수는 없는 법이라고 나는 늘 여겼다.

"그 이야기는 실제 발명에서 영감을 얻었습니다." 시간 여행자가 말을 잇자 나는 고개를 끄덕였다. "웰스 자신도 이야기의 핵심 아이디어를 설명하면서 이렇게 적었습니다. '시간과 나머지 3차원 공간 사이에는 아무런 차이가 없다. 단지 우리의 의식이 시간을 따라 진행한다는 점만이 예외이다.' 이 기계는 우리의 의식과 다른 방향으로 움직입니다. 그게 전부입니다. 제대로 작동한다면 말이지요."

"재미있네요." 내가 말했다. "전부 옳지는 않지만 아무튼 재밌습니다."

미로 속의 암소

"전부 옳지는 않다고요?" 그래서 내가 기본적인 상대성 이론을 설명해 주었다. 아기들이 배출되기 전에 배양 용기 속에서 듣는 그런 수준의 내용이었다. 먼저 특수 상대성 이론부터 설명했다.

"꼭 기억해야 할 것은" 내가 말했다. "'상대성'이란 바보 같은 용어라는 점입니다."

"그런데 왜 그런 말을 씁니까?"

"역사적으로 우연히 그렇게 되었습니다. 우리는 그 말에 매여 있습니다. 당신의 기계가 작동하지 않는다면, 과거로 돌아가서 아인슈타인더러 더 나은 기계를 발명해 달라고 설득해 보십시오."

나는 특수 상대성 이론의 요지는 '모든 것이 상대적이다'라는 주장이 아니라 한 가지 특별한 것, 즉 빛의 속력이 뜻밖에도 **절대적**이라는 것이다. 가령 차를 타고 시속 50킬로미터로 달리면서 앞쪽으로 총을 쏜다고 하자. 총알이 차에 대해 시속 500킬로미터로 날아간다면, 두 속력 성분이 합쳐져 총알은 정지한 표적에 시속 550킬로미터의 속력으로 부딪힌다(그림 25a). 하지만 총을 쏘는 대신에 손전등을 켜면, 즉 시속 10억 7925만 2848킬로미터의 속력으로 빛을 '발사' 하더라도, 빛은 정지한 표적에 시속 10억 7925만 2898킬로미터의 속력으로 부딪히지 않는다(마지막 숫자가 48이 아니라 98임에 유의). 빛은 시속 10억 7925만 2848킬로미터의 속력으로 표적에 부딪힌다. 차가 정지해 있을 때 빛의 속력과 똑같은 속력으로 부딪히는 것이다(그림 25b).

"당신이 직접 이걸 증명할 수 있습니다." 내가 그에게 말했다. "구두 상자, 손전등, 거울이 있으면 됩니다."

"손전등?"

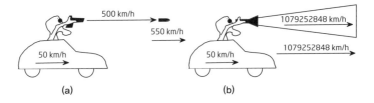

그림 25 (a) 뉴턴 역학의 경우, 상대 속도는 각각의 속도의 합으로 이루어진다. (b) 상대성 역학의 경우, 빛의 속력은 일정하다.

"아, 이런, 그럼 랜턴을 씁시다. 구두 상자 앞면에 작은 구멍을 내서 빛이 안으로 들어가게 합니다. 상자를 열어 안을 볼 수 있도록 상자 윗면에 덮개를 만듭니다. 그리고 상자의 안쪽 바닥에 '빛의 속력은 시속 10억 7925만 2848킬로미터'라고 씁니다. 가만히 덮개를 단 다음에, 랜턴을 거울 쪽으로 향하게 해 광선이 반사되어 상자의 구멍 속으로 들어가게 합니다. 그리고 덮개를 열어 빛의 속력을 읽습니다. 그 다음에는 **거울 쪽으로 달려가며** 이 실험을 다시 실시합니다. 재밌게도, 두 번 모두 시속 10억 7925만 2848킬로미터입니다."

"그건," 시간 여행자가 어이가 없다는 듯이 말했다. "정말로 어리석기 그지없는 실험입니다."

"맞습니다. 하지만 더 정교한 장치를 이용하더라도 **답은 같습니다.** 앨버트 에이브러햄 마이컬슨(Albert Abraham Michelson)과 에드워드 윌리엄스 몰리(Edward Williams Morley)가 1881년과 1894년 사이에 발견해 낸 대로 말입니다. 둘은 '에테르'에 대한 지구의 상대 운동을 찾아내고자 했습니다. 빛을 포함해 모든 전자기파를 전달한다고 여겨졌던, 우주에 가득 찬 유동체가 에테르입니다. 만약 뉴턴 물리학이 옳았다면, 지구가 공전 궤도의 어느 한 지점을 지날 때 관찰한 빛의

미로 속의 암소

속력은 궤도의 반대 지점에서 반대 방향으로 움직일 때 관찰한 속력과 달랐을 것입니다. 하지만 아무리 정밀한 장치를 이용해도 둘은 빛의 속력에 아무런 차이를 발견할 수 없었습니다."

"네, 저도 그들의 연구를 알고 있습니다. 제가 보기에 그 실험이 증명한 것이라고는 단지 지구가 궤도를 따라 움직일 때 틀림없이 에테르를 함께 지니고 다닌다는 것뿐입니다."

나는 한 번도 그런 생각을 해 본 적이 없었지만, 당시에는 사람들이 아무 의심도 없이 그렇게 생각했다. 이후 에테르 이론은 타당한 이유가 나오면서 사라졌다. 나는 즉흥적으로 이렇게 말했다. "그것은 나름 예리한 이론이기는 합니다."

"예리?"

"아, 영리한 이론이라는 뜻입니다. 만약 에테르가 그처럼 지구 주위를 돌고 있다면 먼 별에서 오는 빛에서 재미있는 효과가 나타나리라고 당신은 예상하겠죠. 마이컬슨과 몰리는 다음 세 가지 중 하나라고 결론을 내렸습니다. 에테르가 전혀 존재하지 않거나, 아니면 매우 믿기 어렵겠지만 지구가 그것에 대해 상대 운동을 하고 있지 않거나, 아니면 빛에는 아주 특이한 성질이 있다는 것입니다.

"그 셋 중 어느 것이 참입니까?"

"글쎄요. 알베르트 아인슈타인(Albert Eistein)이라는 물리학자가 특수 상대성 이론을 내놓은 것으로 일반적으로 인정됩니다. 방금 말했듯이 빛에는 매우 특이한 성질이 있다는 이론입니다. 그는 1905년에 이 이론을 발표했습니다. 하지만 다른 많은 사람들도 똑같은 아이디어를 연구 중이었고, 그중에는 헨드리크 안톤 로렌츠(Hendrik Anton Lorentz)와 앙리 푸앵카레(Henri Poincaré)도 있었습니다. 왜냐하면 널리 알려진 대로, 전자기 현상에 관한 맥스웰의 방정식이 뉴턴 역학과 완전히 들어맞지는 않았기 때문입니다. 문제는 '움직이는 기준 틀'에 있었습니다. 관찰자가 움직일 때 방정식은 어떻게 변할까요? 이 질문에 답하는 공식이 있습니다. 뉴턴 역학의 경우, 가령 움직이는 관찰자가 측정한 (또는 그 관찰자에 대한) 속도는 그 관찰자의 움직임을 제외하면 바뀌게 됩니다. 하지만 뉴턴식 변환은 맥스웰 방정식과 일치하지 않습니다. 이에 대한 해답은 로렌츠 변환이라는 새로운 공식을 사용하는 것입니다. 빛의 속력을 일정하게 유지하고 공간, 시간 그리고 질량에 대한 파생 효과를 일으키게 하는 공식입니다. 빛의 속력에 가까워지면 물체는 수축하고 시간은 기어가듯이 느려지고 질량은 무한대가 됩니다."

"그런 이상한 이야기는 도무지 믿기가 어렵습니다."

"당신은 타임머신이라고 주장하는 장치를 타고 이 건물 한가운데에 와 있습니다. 그런데도 내가 믿지 못할 이야기를 한다고 말하는 겁니까?"

"그러게 말입니다. 내가 출발했을 때 이 건물은 존재하지 않았습니다. 어쨌든, 선생님, 저는 여기 와 있기는 합니다."

"네. 특수 상대성 이론도 마찬가지입니다. 다만 공식을 이용해 이런 이론에 대해 생각하기란 쉽지 않다는 점은 인정합니다. 실제로 1908년 수학자 헤르만 민코프스키(Hermann Minkowski)가 상대성 이론에 관한 훌륭한 기하학 모형을 제시하기 전까지 그 이론은 제대로 빛을 보지 못했습니다. 상대성 이론을 시각화하는 단순한 방법인 그 모형은 오늘날 민코프스키(또는 평평한) 시공간이라고 불립니다. 정확히 말해, 상대성이란 빛이 지닌 비상대적 속성에 관한 것이기에, 이

미로 속의 암소

이론에서 모든 것들은 관찰자가 어떤 '기준 틀'을 사용하느냐에 크게 의존합니다. 움직이는 관찰자와 정지한 관찰자는 같은 현상을 다르게 봅니다."

"그건 저도 알겠습니다. 타임머신도 그런 원리에 따라 작동합니다."

"네, 옳습니다. 하지만 당신의 생각은 뉴턴 물리학에 따른 것입니다. 하여튼 좋습니다. 뉴턴 물리학도 상대성 물리학과 공통점이 많으니까요. 수학적으로 볼 때, 기준 틀은 좌표계입니다. 뉴턴 물리학은 3개의 고정된 좌표 (x, y, z)를 갖는 공간을 제시합니다. 공간의 구조는 시간과 무관하다고 여겨지며, 전통적으로 시간은 전혀 좌표의 구성 요소가 되지 않습니다. 민코프스키는 추가적인 좌표로 시간을 도입했습니다. 2차원 민코프스키 시공간을 한 평면으로 그릴 수 있습니다(그림 26a). 수평 좌표 x는 공간에서 한 입자의 위치를 결정하며, 수직 좌표 t는 시간 속에서 그 입자의 위치를 결정합니다."

"하지만 제가 말한 내용이 바로 이것입니다!" 시간 여행자는 흥

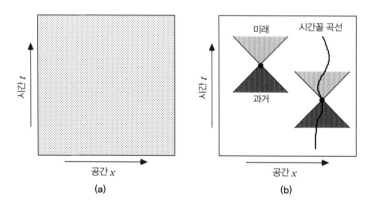

그림 26 민코프스키 시공간. (a) 시공간 좌표. (b) 광원뿔과 시간꼴 곡선.

분해서 외쳤다. "시간이 네 번째 차원이라는 것 말입니다!"

"네. 하지만 당신이 살던 세계에서는 몰랐던 여분의 주름이 하나 있습니다. 곧 그것을 알려 드리겠지만, 우선 내가 그린 그림부터 설명하겠습니다. 순수한 민코프스키 시공간에서 x는 3차원입니다. 하지만 편의상 x를 1차원이라고 여깁시다. 나중에는 공간을 2차원으로 표현해야 할 겁니다. 문제는 4차원의 시공간이 2차원 종이 위에 간편하게 들어맞지 않는 데 있습니다. 그래서 여러 수학 분야에서 공간의 차원 수를 줄이는 기법을 씁니다. 가장 단순한 기법은 몇 개의 차원을 무시해 버리는 것입니다.

입자가 움직이면서 시공간 내에 곡선을 그리는데, 이것을 세계선 (world line)이라고 합니다. 만약 속도가 일정하면 세계선은 직선이며 그 기울기는 속력에 따라 정해집니다. 매우 느리게 움직이는 입자들은 시간이 많이 걸려도 작은 영역의 공간을 이동합니다. 따라서 이들 입자의 세계선은 수직에 가깝습니다. 한편 매우 빠르게 움직이는 입자들은 매우 적은 시간에도 넓은 공간을 이동합니다. 따라서 이들의 세계선은 거의 수평입니다. 그 사이, 즉 45도 각도에서는 일정한 양의 공간을 이동하는 입자들의 세계선이, 올바른 단위로 측정할 경우, 시간의 양과 동일합니다. 이 단위는 빛의 속력에 대응되도록 선택됩니다. 즉 시간에 대해서는 년 그리고 공간에 대해서는 광년이 선택됩니다. 1광년의 공간을 1년의 시간에 이동하는 것이 무엇입니까?"

"음, 빛?"

"맞습니다. 따라서 45도 세계선은 빛의 입자(광선 또는 광자)에 해당되거나, 아니면 빛과 같은 속력으로 움직일 수 있는 다른 어떤 것에 해당됩니다."

미로 속의 암소

"빛의 입자?"

"그럼, 단지 그걸 하나의 이미지라고 여기십시오. 좋습니까? 그냥 편하게 광선이라고 생각해도 됩니다."

"슬슬 머리가 아파지는군요."

"이보쇼, 이건 아직 약과입니다."

"제 이름은 이보쇼가 아닙니다."

"별 뜻이 있는 말이 아닙니다. 그러고 보니 우린 아직 통성명도 안했군요. 어쨌든, 그 여분의 주름이란 상대성이 물체를 빛보다 더 빨리 움직이지 못하게 하는 제약을 말합니다. 수학적 이유는 빛보다 빨라지면 물체의 길이가 $\sqrt{-1}$ 을 비롯한 허수가 되며, 아울러 질량과 시간의 국소적 흐름도 허수가 되기 때문입니다. 따라서 실제 입자의 세계선은 수직으로부터 45도 이상 기울어질 수 없습니다. 그런 세계선을 시간꼴 곡선이라고 합니다(그림 26b). 임의의 사건, 즉 시공간 내의 점은 광원뿔(light cone)과 관련이 있습니다. 이 원뿔은 그 점을 지나며 45도 각도로 기울어진 두 대각선에 의해 생깁니다. 원뿔이라고 불리는 까닭은 공간이 2차원이기에 이 2차원에 대응되는 표면이 실제로 (이중)원뿔이기 때문입니다. 앞쪽 영역에는 사건의 미래, 즉 그 사건이 영향을 미칠 수 있는 시공간 내의 모든 점들이 포함되어 있는 반면에, 뒤쪽 영역에는 사건의 과거, 즉 그 사건에 영향을 미쳤을 수 있는 사건이 있습니다. 그밖에는 모두 금지된 영역으로, 해당 사건과 인과 관계를 가질 수 없는 다른 시간, 다른 공간의 영역입니다.

"이제 '피타고라스의 정리'에 따라 일반적인 공간에서 각각 좌표 (x, y, z)와 (X, Y, Z)를 갖는 두 점 사이의 거리는 다음 양의 제곱근입니다.

$$(x-X)^2+(y-Y)^2+(z-Z)^2$$

특수 상대성 이론에는 사건 (x, t)와 (X, T) 사이의 **간격**이라고 불리는 이와 유사한 양이 있습니다. 다음 식이 그것입니다.

$$(x-X)^2-(t-T)^2$$

마이너스 부호에 주목하기 바랍니다. 시간은 특수합니다. 바로 이것이 당신 친구인 웰스가 틀렸던 사항입니다. 시간은 또 하나의 차원이지만, 공간 차원과는 다릅니다. 비록 어느 정도까지 공간 차원과 합쳐질 수 있지만 말입니다. 이것에 대해서는 곧 설명하겠습니다. 어찌되었든 요점은, $(x-X)^2=(t-T)^2$이어서 $x-X=t-T$ 또는 $x-X=T-t$인 45도 기울기의 선상에서는 간격이 0이라는 것입니다. 이 45도 기울기의 선들은 **널 곡선**(null curve)이라고 불립니다."

　"알겠습니다. 저도 데카르트의 기하학을 연구했습니다. 하지만 '간격'은 무엇을 나타내는 것입니까?"

　간격은 움직이는 관찰자에 대한 시간 경과의 겉보기 비율과 관계된 것이라고 그에게 말해 주었다. 어떤 물체가 더 빨리 움직일수록 그 물체에서는 시간이 더 늦게 흐르는 것처럼 보인다. 이 효과를 **시간 팽창**이라고 한다. 널 곡선에 접근하면, 즉 빛의 속력에 점점 더 가까워지면, 여러분이 느끼는 시간의 경과는 차츰 0으로 줄어든다. 만약 여러분이 빛의 속력으로 움직이면, 시간은 얼어붙는다. 광자에서는 시간이 흐르지 않는다.

　"제가 보기에, 이 이론에 따르면 시간이란 가변적인 것이군요."

미로 속의 암소

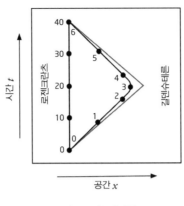

시간 t

로젠크란츠

길덴슈테른

공간 x

그림 27 쌍둥이 역설

시간 여행자는 곰곰이 생각에 잠겨 말했다.

"맞습니다. 실제로 1911년에 폴 랑주뱅(Paul Langevin)은 **쌍둥이 역설**로 알려진 특수 상대성의 흥미로운 성질 하나를 지적했습니다. 로젠크란츠와 길덴슈테른(「햄릿」의 등장인물 ─ 옮긴이)이라는 두 쌍둥이가 지구에 태어났다고 합시다(그림 27). 로젠크란츠는 평생 지구에 머물고 길덴슈테른은 거의 빛의 속력으로 우주를 여행한 다음에, 거의 같은 속력으로 집으로 돌아옵니다. 시간 팽창 때문에, 길덴슈테른의 좌표계에서는 겨우 6년밖에 시간이 흐르지 않았지만, 로젠크란츠의 좌표계에서는 40년의 시간이 흘렀습니다.

"하지만 분명," 시간 여행자가 말했다. "이 상황은 대칭적입니다. 길덴슈테른의 좌표계에서 보면, 빛의 속력에 가까이 여행한 쪽은 로젠크란츠입니다. 이렇게 본다면 나이가 덜 든 쪽은 로젠크란츠입니다. 터무니없는 결과입니다."

"그래서 역설이라고 하는 겁니다. 하지만 사실은 그렇지 않습니다. 시공간 다이어그램을 실제로 보지 않으면 역설처럼 보일 뿐입니다. 쌍둥이 중 어느 쪽이 '고정된' 좌표계로 사용되는지의 여부는 중요하지 않다고 여기는 바람에 그렇게 보이는 것입니다. 하지만 길덴슈테른의 운동은 가속(양의 그리고 음의)이 관련되지만, 로젠크란츠의 운동은 그렇지 않습니다. 이로 인해 대칭인 것처럼 보이는 두 쌍둥이 사이의 대칭은 깨집니다. 가속은 아인슈타인의 이론에서 상대적인 양이 아닙니다. 앞에서 말했듯이 '상대성'은 바보 같은 이름입니다."

시간 여행자는 머리를 절레절레 흔들었다. 내가 한 말을 못 믿겠다는 건지 아니면 너무 수준 높은 내용이라 당혹스러워하는 건지는 알 수 없었다. "하지만 그건 물론 하나의 이론일 뿐입니다." 그가 거의 혼잣말처럼 입을 뗐다. "실재는 그런 것이 아닙니다."

"'이론'에는 두 가지 의미가 있습니다." 내가 반박을 가했다. "하나는 '가설'인데, 이것은 약간 허세를 부리는 느낌을 줍니다. 가설은 토론과 실험의 대상이 되는 아이디어라는 뜻입니다. 이런 의미의 이론에는 '이론일 뿐'이라는 말이 적합합니다. 하지만 두 번째 의미, 즉 '오류를 드러내려고 고안된 일련의 길고 엄격한 검증 과정에서 살아남은 개념과 결과들의 집합체'라는 뜻도 있습니다. **이와** 같은 이론에 대해 '뿐'이라는 표현을 당연하다는 듯 쓸 수는 없습니다. '반박하기 위한 수세기 동안의 온갖 시도에 살아남은 아이디어일 뿐…….' 이런 표현은 어불성설입니다. 그렇지 않습니까?"

내가 다시 말했다.

"아무튼 그건 그렇다 치고, 그 효과는 20세기 후반에 점보 제트기에 원자 시계를 신고 지구 주위를 돌면서 검증되었습니다."

　　　　　　　　　　　　　　　　　　　미로 속의 암소

"'시계'는 알겠습니다만, 나머지 용어들은 잘 모르겠습니다."

"시계는 매우 정확했습니다. 그리고 매우 빠른 비행 기계 속에 그 시계를 싣고서 지구 전체를 돌았습니다. 물론, 비행 기계는 빛에 비해 매우 느리기 때문에 관찰된 (그리고 예측된) 시간 차이는 아주 미미합니다."

"음," 시간 여행자가 말했다. "비행 기계라고요?"

"당신은 타임머신을 갖고 있습니다. 타임머신이 만들기 더 어려운 것입니다. 제발 내 말을 믿어 주십시오."

"그러니까 '시간이 뒤죽박죽(the time is out of joint)'이라는 말이군요. 셰익스피어의 「햄릿」에 나오는 구절처럼." 그가 나중에 떠오른 생각을 덧붙였다.

"맞습니다. 그래서 그런 시간의 뒤죽박죽 성질을 이용해 타임머신을 만들 수 있는 것입니다."

"제가 한 것처럼 말이죠."

"네. 하지만 당신 기계의 상아 장치 대신에 우리는 재래식 물리학, 즉 상대성 이론을 사용할 것입니다. 그러려면 우리는 중력에 대한 아인슈타인의 접근 방법을 이해해야 합니다."

시간 여행자는 어리벙벙한 표정으로 날 바라보았다. "중력이 시간 여행과 무슨 관련이 있단 말입니까?"

(다음 장에 계속)

웹사이트

H.G. 웰스

http://en.wikipedia.org/wiki/The_Time_Machine

http://en.wikipedia.org/wiki/H._G._Wells

특수 상대성 이론

http://en.wikipedia.org/wiki/Special_relativity

http://en.wikibooks.org/wiki/Special_Relativity

대중적인 설명

http://www.phys.unsw.edu.au/einsteinlight/

쌍둥이 역설

http://en.wikipedia.org/wiki/Twin_paradox

http://www.phys.unsw.edu.au/einsteinlight/jw/module4_twin_

paradox.htm

미로 속의 암소

8

미래를 향해 2.
구멍: 블랙홀,
화이트홀, 웜홀

지난 이야기 ⋯⋯
시간 여행자가 호크로즈 앤드 펜킹 중공업
사무실에 도착했다. 그가 타고 온 타임머신이
심하게 고장 났는데, 코끼리가 없어서 수리가
불가능하다. 그래도 호크로즈 앤드 펜킹이 도움을
줄 수 있을지 모른다. 시간 여행자는 빛의 속력이
일정하다는 특수 상대성 이론에 대한 설명을 들었다.
이제 다음 이야기가 펼쳐진다.

시간 여행자는 어리벙벙한 표정으로 날 바라보았다. "중력이 시간 여행과 무슨 관련이 있단 말입니까?"

"모든 면에서 관련이 있습니다. 전혀 그렇게 보이지 않는다는 점은 저도 인정합니다. 아인슈타인은 일반 상대성 이론이라는 또 하나의 이론을 내놓았습니다. 뉴턴의 중력 이론과 특수 상대성 이론을 종합한 것입니다. 뉴턴이 말한 중력 이론이 무언지 아십니까?"

"저는 고등 교육을 받은 사람입니다. 중력은 입자들이 완벽한 직선 경로를 따라 서로 당기게 만드는 힘입니다. 어떤 물질 입자에 의해 생기는 중력은 거리의 제곱에 반비례합니다."

"맞습니다. 하지만 기하학적으로 생각해 봅시다. 중력과 같은 힘이 없을 경우 입자들이 따르는 경로를 **측지선**이라고 합니다. 측지선은 가장 짧은 경로로, 양 끝점 사이의 총거리를 최소화하는 경로입니다. 평평한 민코프스키 시공간의 경우, 이와 유사한 상대론적 경로는 총거리 대신에 간격을 최소화합니다. 문제는 중력의 효과를 일관되게 설명하는 것입니다. 아인슈타인의 해법은 중력을 외부에서 작용하는 힘으로 여기지 않고 시공간 구조의 뒤틀림으로 보는데, 이 뒤틀림이 간격의 값을 변하게 만든다고 합니다. 가까이 있는 사건들 사이의 이러한 가변적인 간격은 시공간의 **메트릭**(metric)이라고 불립니다. 시공의 뒤틀림을 시각화하기 위해 시공간이 '휘어져' 있다고 합니다."

"휘어지고 둥근 것이라고요?"

"휘어지고 둥근 것이 아닙니다. 평평한 시공간과 비교할 때 단지 내재적으로 뒤틀려 있다는 말입니다. 일반적인 유클리드 공간에 관해서도 '무엇을 따라 평평한가?'라는 질문이 가능합니다. 물리학적으로 볼 때, 곡률은 중력으로 해석되며 이 곡률로 인해 광원뿔이 변형됩니다. 이런 변형으로 인해 '중력 렌즈 효과'가 생깁니다. 질량이 큰 물체로 인해 빛이 휘는 현상이지요. 바로 아인슈타인이 1911년에 알아내 1915년에 발표한 내용입니다. 이 효과는 일식 기간 동안에 처음으로 관찰되었습니다. 더욱 최근에는 아주 강력하고 매우 멀리 떨어져 있는 천체인 퀘이사에서 지구로 오는 빛이 그 사이에서 렌즈처럼 작용하는 은하에 의해 굴절되어, 망원경에 여러 개의 퀘이사 영상으로 나타났습니다."

그림 28은 어떤 별 근처 시공간의 공간꼴 영역(결과적으로는 시간

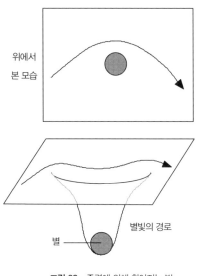

위에서
본 모습

별빛의 경로

별

그림 28 중력에 의해 휘어지는 빛

의 한 '고정된' 순간에 취한 공간이지만, 이것에 대한 실제 설명은 훨씬 복잡하다. 왜냐하면 상대론적 효과에 의하면, 서로 다른 여러 위치에 대해 하나의 '고정된 순간'이 존재할 수 없기 때문이다.)을 통해 이런 개념을 설명해 준다. 아래로 휘어진 곡면 형태의 이 그림에서 아래로 움푹한 부분에 별이 자리 잡고 있다. 이 시공간 구조는 **정적**이다. 즉 시간이 흘러도 이 구조는 그대로 유지된다. 빛은 측지선을 따라 표면을 지나다가 구멍 속으로 '끌어당겨진다.' 왜냐하면 그 경로가 지름길이기 때문이다. 빛의 속력에 가까운 속력으로 시공간 내에서 움직이는 입자들도 똑같이 행동한다. 이 그림을 위에서 내려다 보면 입자들은 더 이상 직선을 따라 움직이지 않고 별을 '향해 끌어당겨진다.' 뉴턴 역학에 따른 중력의 작용과 마찬가지인 셈이다.

"별에서 멀리 떨어진 곳이라면," 내가 다시 말을 이었다. "이 시공간은 민코프스키 시공간과 매우 흡사합니다. 즉 중력 효과가 급속히 감소해서 무시할 정도가 됩니다. 먼 거리에서 민코프스키 시공간처럼 보이는 시공간은 **점근적으로 평평하다**고 합니다. 이 용어를 기억하십시오. 타임머신을 만드는 데 중요한 개념입니다. 우리 우주의 대부분은 점근적으로 평평합니다. 별처럼 질량이 큰 물체들은 매우 성기게 흩어져 있기 때문입니다."

시간 여행자는 내 말을 알아들은 다음 이렇게 물었다. "그렇다면 원하는 대로 시공간을 만들 수 있습니까? 시공간은 대단히 가변적인 것 같습니다."

"아닙니다. 시공간을 설정할 때, 마음대로 휘게 할 수는 없습니다. 메트릭은 반드시 **아인슈타인 방정식**을 따라야 합니다. 이 방정식은 자유롭게 움직이는 입자들의 운동이 '평평한' 민코프스키 시공간에서 벗어난 뒤틀림의 정도와 어떻게 관련되는지 알려 줍니다."

"알겠습니다. 시공간 내의 질량의 분포와 시공간 자체의 구조 사이에 관련성이 있군요. 마치 물질이 그 자신의 공간과 시간을 창조하고 형성한다는 말씀 같습니다."

"이해가 아주 빠르군요. 아인슈타인도 오랜 세월에 걸쳐 알아낸 것인데 말입니다. 어쨌든 20세기 물리학자들이 '타임머신'이라는 개념을 일반 상대성 이론의 틀 속에서 어떻게 해석했는지 이제 설명할 단계가 되었습니다." 갑자기 그가 잔뜩 관심을 보였다. 단지 예의상 경청하는 태도가 아니었다. "타임머신은 입자 또는 물체를 자신의 과거로 되돌아가게 합니다. 따라서 그것의 세계선, 구체적으로 시간꼴 곡선은 반드시 고리를 이루게 됩니다. 타임머신이란 바로 **닫힌 시**

간꼴 곡선(closed time-like curve), 줄여서 CTC인 것입니다. '시간 여행이 가능한가?'라고 묻는 대신에 우리는 'CTC가 존재할 수 있는가?'라고 묻습니다."

시간 여행자는 조바심이 난듯 앞으로 몸을 구부리더니, 눈을 가늘게 뜬 채 물었다. "그게 존재할 수 있습니까?"

"글쎄요, 평평한 민코프스키 시공간에서는 불가능합니다. 앞으로 향하는 광원뿔과 뒤로 향하는 광원뿔, 즉 어느 사건의 미래와 과거는 결코 교차하지 않기 때문입니다. 하지만 다른 유형의 시공간에서는 교차할 수 있습니다. 가장 단순한 예가 민코프스키 시공간을 원통 속으로 말아 넣은 시공간입니다(그림 29). 그러면 시간 좌표가 순환하게 됩니다."

"역사가 영원히 반복된다는 뜻입니까? 힌두교 신화처럼?"

"그런 셈입니다. **시공간**은 반복됩니다. 하지만 역사에서 일어나는 일은 자유 의지가 작동한다고 여기느냐에 따라 동일 사건의 반복인지 새로운 사건인지의 여부가 달라집니다. 미묘한 문제이지만 아인슈타인 방정식도 이것에 대해서는 설명해 주지 않습니다. 이 방정식은 단지 전반적인 대강의 시공간 구조를 규정할 뿐입니다.

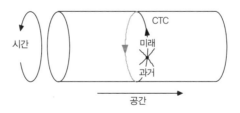

그림 29 CTC를 가진 시공간의 단순한 사례

"원통형 시공간은 휘어진 듯 보이지만 실제로는 휘어져 있지 **않습니다**. 중력의 관점에서는 휘어져 있지 않다는 뜻입니다. 종이 한 장을 원통에 말아도 **뒤틀리지** 않듯이 말입니다. 그 종이를 다시 평평하게 펴면 전혀 접히거나 주름이 져 있지 않습니다. 순전히 이 표면 위에만 존재하는 생명체는 그것이 휘어져 있음을 알아차리지 못할 것입니다. 왜냐하면 생명체가 원통을 따라 표면을 모조리 돌아보지 않는 한, 그 표면상에서의 거리는 바뀌지 않으니까요. 간단히 말해서, 메트릭, 즉 어느 특정한 사건 근처 시공간 구조의 국소적 특성은 바뀌지 않는다는 뜻입니다. 바뀌는 것은 시공간의 전체의 기하학적 구조, 즉 전체적인 위상 기하학 구조입니다."

시간 여행자는 한숨을 쉬며 말했다. "또 하나의 새로운 세계이군요."

"위상 기하학은 융통성이 큰 기하학입니다. 이 학문은 어떤 형태가 연속적으로 변형되더라도 그대로 유지되는 성질을 연구합니다. 예를 들어 구멍이나 매듭의 존재가 유지되는지 연구합니다."

"아. 제가 사는 시대에서는 이 학문을 **위치 해석**(analysis situs)이라고 합니다. 아주 새로운 분야여서 몇몇 전문적인 수학자들만이 알고 있습니다."

"그렇군요. 이제는 아주 역사가 깊고 매우 중시되는 분야로, 조금 과장하자면 모든 아이들이 어머니 뱃속에서부터 알고 있을 정도입니다. 민코프스키 시공간을 원통형으로 마는 것은 오래된 시공간으로부터 새로운 시공간을 만들어 내는 강력한 위상 기하학적 기법인 **잘라서 붙이기**의 한 예입니다. 알려진 시공간으로부터 조각들을 잘라낸 다음 그 시공간의 메트릭을 변화시키지 않으면서 서로 붙일 수 있다면, 그 결과 수학적으로 가능한 한 시공간이 얻어집니다."

"비유적으로 말씀하시는군요. 당연히 그렇겠지만요."

"글쎄요, 바로 지금까지는 저도 당신 말에 줄곧 동의했습니다. 하지만 호크로즈 앤드 펜킹이 '중공업' 회사라고 설명할 때, 이 말은 실제로 '무겁다'라는 뜻입니다. 그것도 지극히 무겁다는 뜻입니다. 제가 너무 앞서 나가는군요."

"저처럼 말이죠." 그가 무덤덤한 표정으로 말했다. 나는 웃었다. 하지만 단지 예의상 웃어 준 것은 아니었다. 내가 그 사람의 처지였다면, 아무리 시시한 내용이라도 농담을 건네기는 어려웠을 것이다.

"저는 '굽었다'라는 표현 대신에 '메트릭을 변화시키지 않고서'라고 말합니다. 말린 민코프스키 시공간이 휘어지지 않았다고 했던 것과 똑같은 이유 때문입니다. 저는 내재적인 곡률에 대해 말하고 있습니다. 외부에서 보이는 겉보기의 곡률이 아니라 그 시공간 속에 사는 생명체가 경험하는 곡률 말입니다. 이런 유형의 겉보기 휘어짐은 '아무런 해가 없습니다.' 즉 메트릭을 실제로 변화시키지 않습니다. 이제 말려 있는 민코프스키 시공간을 통해, 아인슈타인 방정식을 따르는 시공간이 CTC를 가질 수 있음을 간단하게 증명할 수 있습니다. 따라서 시간 여행이 현재 알려진 물리학과 모순되지 않음을 증명할 수 있습니다. 하지만 그렇다고 해서 시간 여행이 **가능**하다는 뜻은 아닙니다."

"맞습니다. 수학적으로 가능하다는 것과 물리학적으로 실현 가능하다는 것 사이에는 아주 중요한 차이가 있으니까요."

그는 아주 예리했다. 정말 존경할 만하다. "네. 어느 시공간은 만약 그것이 아인슈타인 방정식을 따르면 수학적으로 가능합니다. 반면에 그것이 존재할 수 있거나 우리 우주의 일부로서 창조될 수 있어야만 그 시공간은 물리학적으로 실현 가능합니다. 바로 이것이 중공업이 하는 일입니다. 당신께는 안타까운 일이지만, 말린 민코프스키 시공간이 물리적으로 실현 가능하다고 가정해야 할 이유는 없습니다. 우주가 원래부터 순환적인 시간을 부여받지 않았다면, 굳이 우주를 그런 식으로 개조하기는 분명 어렵습니다. CTC를 가지면서 동시에 물리적으로 실현 가능한 시공간을 찾는 과정은 또한 좀 더 이치에 맞는 위상 기하학적 구조를 찾는 일이기도 합니다. 수학적으로 가능한 위상 기하학적 구조는 많지만, 아일랜드 사람이 길을 가르쳐 준 속담에서처럼, 당신은 여기에서 출발해 그 모든 것에 이를 수는 없습니다.

하지만 몇몇 대단히 흥미로운 것들에는 이를 수 있습니다. 고전적인 뉴턴 역학에서는 움직이는 물체의 속력에 한계가 없습니다. 어떤 무거운 물체가 아무리 강한 중력으로 끌어당기더라도 입자들은 탈출 속도보다 더 빨리 움직이면 그 물체에서 벗어날 수 있습니다. 1783년에 왕립 학회에 제출된 논문에서 존 미셸(John Michell)이 주장한 바에 따르면, 이런 개념을 빛의 유한한 속도와 결부시키면, 질량이 충분히 큰 물체는 빛을 전혀 방출하지 않는다는 결과가 나옵니다. 빛의 속력이 탈출 속도보다 낮기 때문입니다. 1796년에 피에르 시몽 마르키스 드 라플라스(Pierre Simon Marquis de Laplace)는 『세계의 체계에 대한 해설(Exposition of the System of the World)』에서 이런 주장을 다시 펼쳤습니다. 이 두 사람은 별보다 훨씬 더 거대하지만 완전히 캄캄한 물체가 우주에 가득 널려 있을지 모른다고 여겼습니다.”

“정말로 아주 흥미진진한 발상입니다.”

"맞는 말씀입니다. 그 둘은 자신들의 시대보다 100년이나 앞서 있었습니다. 1915년에 카를 슈바르츠실트(Karl Schwarzschild)가 이런 의문을 일반 상대성 이론의 관점에서 대답하기 위한 첫 발걸음을 뗐습니다. 진공 속의 무거운 구 주변의 중력장에 대해 아인슈타인 방정식을 풀었던 것입니다. 그가 내놓은 해(解)는 구의 중심으로부터 어느 임계 지점에 이르면 매우 이상한 성질을 보였습니다. 오늘날에는 이 거리를 **슈바르츠실트 반지름**이라고 합니다. 발견 당시 이 반지름의 수학적 의미는 슈바르츠실트의 해에서 공간과 시간이 자신의 정체성을 잃고 무의미해진다는 내용인 것 같았습니다. 하지만 슈바르츠실트 반지름은, 중심부에서 쟀을 때, 태양의 경우 2킬로미터이고 지구의 경우에는 1센티미터입니다. 따라서 너무 깊은 곳에 묻혀 있어서 어떤 흥미로운 현상이 일어나는지 직접 그곳에 가서 살펴볼 수가 없습니다. 그렇다면 밀도가 아주 높아 슈바르츠실트 반지름의 내부에 존재하는 별에서는 어떤 일이 일어날까요? 당시에는 아무도 몰랐습니다.

그 후 1939년에 로버트 오펜하이머(Robert Oppenheimer)와 하틀랜드 스나이더(Hartland Snyder)는 그러한 별이 자신의 중력에 의해 붕괴함을 보여 주었습니다. 정말로 시공간 전체가 붕괴되어 물질도 심지어 빛조차 빠져나갈 수 없는 영역이 생기게 됩니다. 이것은 흥미롭고 새로운 물리학 개념의 탄생이었습니다. 1967년에 존 아치볼드 휠러(John Archibald Wheeler)가 블랙홀이라는 용어를 새로 만들어 이 새로운 개념에 이름을 달아 주었습니다."

회전하지 않는 정적인 블랙홀이 시간의 흐름에 따라 형성되는 과정이 그림 30에 나와 있다. 여기서 공간은 2차원으로 표현되어 있으며 시간은 아래에서 위로 수직으로 흐른다. 처음에 방사상 대칭으로 분포되어 있던 물질(짙게 칠해진 원)은 슈바르츠실트 반지름 크기로 차츰 줄어들다가, 수축을 계속해 일정한 시간이 흐른 후에는 모든 질량이 하나의 점, 곧 특이점에 이르기까지 붕괴된다. 바깥에서 보면, 관찰할 수 있는 것이라고는 슈바르츠실트 반지름에 있는 **사건의 지평선**뿐이다. 이 지평선을 넘어서면 빛도 더 이상 빠져나갈 수가 없으므로 바깥에서는 영원히 그 내부를 볼 수 없다. 사건의 지평선 내부에 블랙홀이 도사리고 있다.

그림 30a는 별의 표면에 있는 가상의 관찰자에게 보이는 사건의 진행 과정을 나타낸다. 시간 좌표 t는 그러한 관찰자가 경험하는 시간이다. 만약 바깥에서 이 붕괴 과정을 바라본다면, 슈바르츠실트 반지름을 향해 별이 수축하는 모습은 보겠지만 그 반지름에 도달하는 장면은 결코 보지 못한다. 수축이 진행되면서 바깥에서 관찰되는 별의 붕괴 속력은 빛의 속력에 가까워진다. 이때 상대론적 시간 팽창에 의해, 그림 30b에서처럼 외부 관찰자가 보기에 전체 붕괴 과정이 무한히 오래 걸리기 때문이다. 하지만 별이 더 깊이 빨려 들어가면서 스펙트럼의 붉은색 끝 부분의 빛을 방출하는 모습은 볼 수 있다. 블랙홀 내부에서는 공간과 시간의 역할이 뒤바뀐다. 즉 외부 세계에서 볼 때는 시간이 무한정 늘어나는 데 반해, 블랙홀 내부에서는 공간이 무한정 줄어든다.

"바로 여기서 공학이 필요합니다." 내가 다시 말을 이었다. "호크로즈 & 펜킹은 양자 거품 확장법에서부터 불가능성 계산법에 이르기까지 온갖 기법을 개발했습니다. 먼 거리에서의 민코프스키 시공간과 마찬가지로, 블랙홀의 시공간 구조는 점근적으로 평평하므로

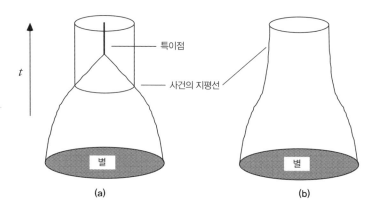

특이점

사건의 지평선

별

(a)

별

(b)

그림 30 두 관찰자가 보는 블랙홀의 형성. (a) 붕괴하는 별의 표면에 있는 관찰자. (b) 외부의 관찰자.

자르고 붙이기 기법을 써서 우리 우주처럼 매우 큰 범위에서 점근적으로 평평한 우주로 만들 수 있습니다. 이로써 블랙홀의 위상 기하학적 구조가 우리 우주에서 물리적으로 가능한 것입니다. 사실 중력에 의한 붕괴 시나리오를 들어 보면 블랙홀은 아주 이치에 맞는 현상입니다. 중성자별이나 은하 중심부처럼 아주 밀도가 높은 물질에서부터 시작하기만 하면 됩니다. 바로 그런 의미에서 제가 중공업이라고 말한 것입니다. 31세기의 기술은 블랙홀을 **만들** 수 있습니다. 우리는 물질 가공기(대부분 변형된 중성자별), 중력 트랩, 강력한 레이저 압축기를 사용합니다.

하지만 정적인 블랙홀은 CTC를 갖지 않습니다. 따라서 그 다음 단계로서 아인슈타인 방정식은 시간 반전이 가능함을 알아야 합니다. 즉 이 방정식의 모든 해에는 내용은 동일하면서 시간만 뒤로 흐르는 또 다른 해가 대응됩니다. 블랙홀의 시간 반전이 **화이트홀**인데, 이것은 그림 30의 위아래를 뒤집어 놓은 모양입니다. 일반적인 시간의 지평선은 어떤 입자라도 빠져나갈 수 없는 장벽입니다. 반면에 시간 반전된 지평선은 어떤 입자라도 그 속으로 들어갈 수 없는 장벽입니다. 하지만 가끔씩 그 속에서 입자들이 방출될 수는 있습니다. 따라서 바깥에서 보면, 화이트홀은 별만큼이나 무거운 물질이 시간 반전된 사건의 지평선을 넘어와 느닷없이 폭발적으로 나타나는 듯 보일 것입니다."

"화이트홀 내부의 특이점이 왜 갑자기 별을 뿜어내야 합니까? 태초의 시간 이후로 아무런 변화 없이 그 속에 존재하고 있던 별을 말입니다." 시간 여행자가 따지듯 물었다.

"좋은 지적입니다. 초기에 밀도가 매우 높은 물질이 붕괴해 블랙홀이 된다는 것은 이치에 맞습니다. 하지만 그 반대 과정은 인과성을 어기는 듯 보입니다. 하지만 결코 그렇지 않습니다. 그런 현상이 일어나는 이유가 우리 우주 바깥에 있어, 우리가 왜 그런 결과가 생기는지 모를 뿐입니다. 화이트홀이 수학적으로 가능하다고 일단 인정하기로 하고, 화이트홀 또한 점근적으로 평평하다는 점에 주목합시다. 만약 당신이 하나의 화이트홀을 만드는 법을 안다면, 그것을 깔끔하게 붙여서 당신 자신의 우주를 만들 수 있습니다. 호크로즈 & 펜킹은 불확정성 원리를 바탕으로 그렇게 하는 효과적인 방법을 개발했습니다. 우리는 하이젠베르크 증폭기를 사용해 물질의 위치를 불확실하게 해 그것이 일반적인 우주의 바깥에 놓일 수 있도록 합니다. 그 다음에 크로노카톱트론(chronokatoptron, 시간 거울 또는 시간 반사기 — 옮긴이)을 작동시켜 모든 것이 거꾸로 흐르는 시간 속에서 일어나도록 합니다. 왜냐하면 그 시스템은 자신이 어느 시간 좌표 속에 놓여 있는지 모르기 때문입니다.

미로 속의 암소

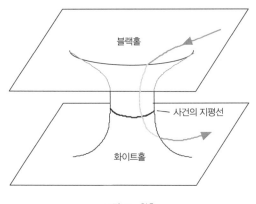

그림 31 웜홀

이뿐만이 아닙니다. 하나의 블랙홀과 하나의 화이트홀을 붙일 수도 있습니다. 이 둘을 코스모톰(cosmotome, 우주 절단기 — 옮긴이)으로 사건의 지평선을 따라 자른 다음 가장자리를 차가운 우주 물질로 꿰맵니다." 그가 무덤덤한 표정을 짓고 있는데도 모른 체하고 말을 이었다. "그 결과, 더 정확히 말해 그것의 고정된 공간꼴 영역이 그림 31에 나와 있습니다. 일종의 관 형태입니다. 물질은 한 방향으로만 이 관을 통과할 수 있습니다. 블랙홀로 들어가서 화이트홀로 빠져 나오는 것입니다. 일종의 물질 밸브인 셈입니다. 밸브를 통한 이동 경로는 시간꼴 곡선을 따라 이루어집니다. 왜냐하면 물질 입자가 정말로 시간꼴 곡선을 따라 이동하기 때문입니다.

그림 31의 위상 기하학적 구조는 관의 양 끝 부분에서 점진적으로 평평하므로, 양 끝 부분은 점진적으로 평평한 어떤 시공간 영역과도 합쳐질 수 있습니다. 한쪽 끝 부분을 우리 우주에 붙이고 나머지 끝 부분을 다른 우주에 붙일 수 있습니다. 아니면 양 끝 부분을 우

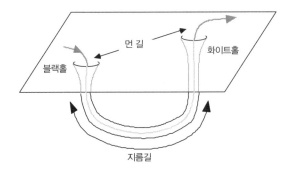

그림 32 웜홀을 물질 전송기로 사용하기. (웜홀의 길이는 이 그림에서 과장되어 있다. 보통의 시공간에서 그려진 그림이기 때문이다. 비록 양 끝 부분이 '보통의' 시공간에서 매우 멀리 떨어져 있더라도 웜홀은 실제로 매우 짧을 수 있다. 왜냐하면 거리가 웜홀 내의 시공간에 내재되어 있기 때문이다.)

리 우주에 붙일 수도 있습니다. (물질의 밀도가 매우 높은 곳을 제외하면) **원하는 대로 어디든 가능합니다.** 이렇게 해서 **웜홀**이 얻어집니다."

"호크로즈 앤드 펜킹은 우주에서 가장 훌륭한 웜홀을 만듭니다." 나는 의기양양하게 말했다. "웜홀이라고 부르는 까닭은 이 모양이 사과 속의 벌레가 파놓은 구멍처럼 보이기 때문입니다. 이 비유에서만큼은 사과는, 그러니까, 시공간이라기보다는 시공간이 **아닌** 모든 것을 가리킵니다." 웜홀의 개략도가 그림 32에 나와 있다. 하지만 여기서 기억해야 할 점은 웜홀을 통한 거리는 매우 짧은 반면에, 보통의 시공간에 걸쳐 있는 두 구멍 사이의 거리는 얼마든지 클 수 있다는 사실이다.

"알겠습니다. 웜홀은 우주를 가로지르는 지름길이군요."

"맞습니다." 내가 맞장구쳤다. "하지만 그것은 시간 여행이 아니라 **물질 전송**입니다."

미로 속의 암소

"그렇긴 해도 시간 여행과도 어떤 관련이 있지 않습니까?" 시간 여행자는 손을 흔들면서 다급하게 물었다.

"글쎄요." 내가 말했다. "말하자면…… ."

(다음 장에 계속)

블랙홀

http://en.wikipedia.org/wiki/Black_hole

http://hubblesite.org/explore_astronomy/black_holes/home.
html

http://cosmology.berkeley.edu/Education/BHfaq.html

화이트홀

http://casa.colorado.edu/~ajsh/schww.html

http://en.wikipedia.org/wiki/White_hole

http://en.wikipedia.org/wiki/White_Hole_(Red_Dwarf_episode)

웜홀

http://en.wikipedia.org/wiki/Wormhole

http://casa.colorado.edu/~ajsh/schww.html

9

미래를 향해 3.
다시 과거로

지난 이야기 ⋯⋯
상대성 이론에서 '타임머신'은 '닫힌 시간꼴 곡선,' 즉
CTC를 의미한다. 이미 알려진 물리학 법칙 중 어떤 것도
그런 개념을 부정하지 않는다.
호크로즈 앤드 펜킹은 하나의 블랙홀과 하나의
화이트홀을 골라 서로 결합해 웜홀을 만들 수 있다.
하지만 그것은 물질 전송이지 시간 여행이 아니다.
그렇지 않은가? 이제 다음 이야기가 펼쳐진다.

우리는 영감이 떠오르기를 바라며 웜홀 그림(8장의 그림 32)을 뚫어져
라 쳐다보았다. 그러다 내가 물었다. "사람들이 시간 여행을 이론적
으로 불가능하며 모순되는 개념이라고 여겼다는 사실을 압니까?"

"낡아빠진 '할아버지 역설' 말입니까?"

"글쎄요, 그 할아버지는 멋진 수염을 길렀는데, 하지만, 아, 이런,
제가 잘못 알아들었습니다."

"사람들은 내 타임머신에 대해서도 그 역설과 똑같이 반대했습
니다."

"네. 그런 발상은 르네 바르자벨(René Barjavel)의 소설『경솔한 여행자(*Le voyageur Imprudent*)』로까지 거슬러 올라갑니다. 당신이 과거로 돌아가 할아버지를 죽인다면, 당신 아버지가 태어나지 않기 때문에 당신도 태어나지 않습니다. 따라서 과거로 돌아가서 할아버지를 죽일 수 없게 됩니다. ……"

"그렇게 하지 않으면 내가 태어나고, 그렇게 하면 ……."

"맞습니다."

"저는 타임머신을 만든 후에 그런 반대 주장을 진지하게 생각해 보았습니다." 시간 여행자가 말했다. "저는 궁금했습니다. …… 사람들이 제기한 의문이 맞는지. …… 아, 그리고 저는 할아버지를 무척 좋아했답니다."

"그런 건 생각하지 않아도 됩니다." 내가 말했다. "양자 역학을 이용해 그 문제를 생각하면, 그런 상황이 존재하지 않는다는 것을 쉽게 알 수 있습니다."

"어떤 종류의 역학이라고요?"

"양자 역학입니다. 당신이 살던 시대에는 없던 것입니다. 양자 역학은 물질의 근본에 관한 물리학으로서 비결정론적입니다. 방사성 원자의 붕괴와 같은 많은 사건들은 무작위적입니다. 이런 비결정성을 수학적으로 이해하는 한 방법으로서 휴 에버렛 주니어(Hugh Everett Jr.)가 고안한 '다중 세계' 해석이 있습니다. 우주에 관한 이 견해는 공상 과학 독자들의 관점과 매우 비슷합니다. 우리 세계는 모든 조합의 경우의 수가 생기는 무한히 많은 '평행 세계' 가운데 하나라는 생각입니다. 1991년에 데이비드 도이치(David Deutsch)는 다중 세계 해석 덕분에 양자 역학이 '자유 의지'를 인정하는 데 아무런 장

애가 없다고 밝혔습니다. 게다가 또 하나의 표준적인 과학 소설 비유인 할아버지 역설도 더 이상 역설이 아니게 되었습니다. 할아버지가 한 평행 세계에서는 죽어도(또는 죽었더라도), 원래 세계에서는 죽지 않을 수 있기 때문입니다."

시간 여행자는 잠시 내 말을 숙고했다.

"조금 우려스러운 말씀이군요." 그가 말했다. "원래 살던 시대로 돌아가더라도, 내가 우연히 평행 우주로 왔을지 어떻게 알 수 있습니까?"

"그건 걱정 안 해도 됩니다." 내가 말했다. "다중 세계 해석에 따르면, 당신을 구성하는 원자들이 양자 상태를 바꿀지 말지 결정하는 매순간 우연히 평행 우주로 가게 되는 그런 상황이 생기니까요. 솔직히 말해, 항상 그런 상황입니다. 당신은 어느 순간 존재하게 되는 우주에서 평행한 우주로 영원히 오고가고를 반복합니다. 있을 수 있는 각 선택의 순간마다 말입니다."

"저를 안심시키려는 말씀이겠지만 솔직히 납득이 되지 않습니다."

내게는 그의 말이 제대로 들리지 않았다. 어떤 아이디어가 내 머릿속에서 꿈틀거리고 있었기 때문이다. 내 무의식이 내게 어떤 말을 하려고 애쓰는 것을 느낄 수 있었다. 하지만 시간 여행자가 자기 시대로 돌아갈 방법을 간절히 찾고 있던 터라, 나도 가만히 생각을 집중할 수가 없었기에 꿈틀대던 아이디어는 의식적 사고로 떠오르지 못했다. ……

그가 다시 말을 이었다. "이런 양자 역학적 견해는 잊고서 단순한 질문으로 돌아가야 한다고 봅니다. 그러니까, 웜홀과 타임머신 사이에 어떤 관련성이 있습니까?"

물론이다! 내 무의식이 내게 알려 주려고 하는 것이 바로 그런 관련성이었을까? 아니, 나는 왠지 그것이 돈과 관련된 문제라는 느낌이 들었다. ······

"당연히 관련이 있습니다." 내가 대답했다. "1988년에 마이클 모리스(Michael Morris), 킵 손(Kip Thorne), 울비 예체버(Ulvi Yurtsever)가 웜홀을 쌍둥이 역설과 결합해 CTC를 만들 수 있음을 알아차렸습니다. 당신이 묻기 전까지 그 점을 잊고 있었습니다. 이 아이디어는 웜홀의 화이트홀 끝 부분을 고정시킨 다음, 블랙홀 끝 부분을 거의 빛의 속력에 가깝게 끌고 가는 (또는 앞뒤로 지그재그로 잡아당기는) 것입니다."

그림 33은 그것이 어떻게 시간 여행으로 이어지는지 보여 준다. 웜홀의 화이트홀 끝 부분은 정적인 상태로 유지되므로, 시간은 표기된 숫자에서 알 수 있듯이 정상적인 빠르기로 흐른다. 블랙홀 끝 부분은 거의 빛의 속력으로 앞뒤로 지그재그로 움직인다. 따라서 시간 팽창이 작용하므로 시간은 그쪽 끝에서 움직이는 관찰자에게는 천천히 흐른다. 보통의 공간을 통해 2개의 웜홀을 결합하고 있는 세계선을 고려해 보자. 그러면 각각의 끝 부분에 있는 관찰자가 경험하는 시간은 똑같다. 동일한 개수의 점으로 선들이 연결되기 때문이다. 우선 그 선들은 기울기가 45도보다 작으므로 시간꼴이 아니어서, 물질 입자들은 그 선들을 따라 진행할 수 없다. 하지만 어떤 순간에, 이 그림에서는 시간 3에서, 선의 기울기가 45도가 된다. 이 후에는 '시간 장벽'이 교차되어, 웜홀의 화이트홀 끝 부분에서 보통의 공간을 통해, 시간꼴 곡선을 따라 블랙홀 끝 부분으로 이동할 수 있다. 그러한 세계선의 한 예가 웜홀의 화이트홀 끝 부분에 있는 점 5에서부터

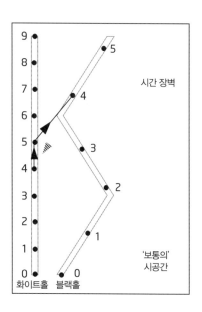

그림 33 웜홀을 타임머신으로 바꾸기

블랙홀 끝 부분에 있는 점 4로 이어지는 선이다. 일단 거기에 도착하면, 시간꼴 곡선을 따라 다시 웜홀을 통해 돌아올 수 있다. 그리고 지름길로 돌아오므로 시간도 아주 적게 걸린다. 결과적으로 블랙홀 끝 부분에 있는 점 4에서 화이트홀 끝 부분에 있는 점 4로 순식간에 이동하게 되는 것이다. 이 점은 출발점과 동일한 장소이지만 1년 전의 **과거**의 장소이다! 시간 여행을 한 셈이다. 1년을 기다리면, CTC를 닫아 처음에 출발했던 장소와 시간에 도달할 수 있다. 유의해야 할 점은 웜홀의 해당 '끝 부분들'이 민코프스키 공간 내에서 이들과 동일한 t 좌표를 가진 끝 부분이 아니라, 그 끝 부분들과 함께 움직이는 관찰자가 보기에 숫자로 표시된 것처럼 '경과 시간'이 동일한 끝 부분이라는 사실이다.

여러분도 집에서 웜홀을 만들 수 있다. 비닐 쓰레기 봉지를 하나 골라 밑 부분을 잘라낸다. 한쪽 끝을 고정시킨 다음, 다른 쪽이 거의 빛의 속력으로 앞뒤로 움직인다고 상상하자. 그러면 그 속의 시간은 느려진다. 여기서 먼 다른 쪽 끝으로 가까이 다가가 고정한 부분으로 건너간다. 고정한 부분에 도착했을 때, 쓰레기 봉지의 고정한 부분은 여러분의 과거에 속한다. 다시 봉지 속으로 통과해 돌아오면, 다시 원래 시간으로 되돌아온다.

상상력을 발휘해 이 장면을 생생히 떠올릴 수 있으면, 시간 여행을 하고 온 셈이다.

일반적인 공간을 통해 여행해야 할 실제 거리는 굳이 매우 길지 않아도 된다. 이 거리는 웜홀의 오른쪽 끝이 지그재그 경로의 각 구간에서 얼마나 멀리 움직이는지에 따라 다르다. 2차원 이상의 공간에서는 이 경로는 지그재그가 아니라 나선형일 수 있다. 이 형태는 블랙홀 쪽 끝 부분이 빛의 속력에 가깝게 원형 궤도를 따르는 경우에 해당된다. 이런 형태를 얻으려면, 블랙홀 한 쌍을 공통의 한 중력 중심 주위로 빠르게 회전시키면 된다.

"출발점이 미래 쪽으로 더 멀리 있을수록 그 점에서부터 시간상으로 더 먼 과거로 갈 수 있습니다." 나는 시간 여행자에게 그렇게 말했다.

"멋집니다! 필요하다면 몇 년이라도 기다릴 수 있습니다."

"아," 내가 말했다. "고약한 문제가 하나 있습니다. 당신은 시간 장벽을 넘어갈 수가 없습니다. 웜홀을 만든 지 얼마 **후에** 그런 문제가 생깁니다. 집으로 돌아갈 희망은 없습니다." 그의 얼굴에 낙담의 빛

미로 속의 암소

이 가득했다. 나도 마찬가지였다. 마침내 내 무의식이 무슨 말을 하려고 했는지 알아차렸다. 돈과 관련이 있었던 것이다. 하지만 돈이 있더라도 똑같은 문제가 생긴다.

"문제가 하나 더 있습니다." 내가 말을 이었다. "호크로즈 & 펜킹의 R&D 부서가 그 문제를 연구하고 있지만, 우리가 이룬 성과라고는 실험실의 프로토타입뿐입니다. 여기서 이런 의문이 듭니다. 정말로 그런 장치들 중 하나를 실제로 **만들** 수 있는가? 웜홀을 실제로 통과할 수 있는가? 우리는 웜홀을 거뜬히 만들 수 있고, 그것의 끝부분을 움직일 수 있습니다. 그건 강한 중력장을 만드는 문제일 뿐입니다. 우리가 늘 하는 일이 바로 그것이죠."

하지만 가장 골치 아픈 문제는 제가 '고양이 문 효과'라고 부르는 것입니다. 당신이 어떤 물질을 웜홀을 통해 이동시킬 때, 그 구멍이 당신의 꼬리를 붙들면서 닫히는 경향이 있습니다. 알려진 바로는, 꼬리가 붙들리지 않으면서 통과하려면 빛의 속력보다 빨리 이동해야 합니다. 그러니 아무 소용이 없습니다."

"왜 그래야만 합니까?"

"그걸 이해할 가장 쉬운 방법은 그 시공간의 기하학적 구조를 **펜로즈 지도**를 사용해 표현하는 것입니다. 20세기의 수리 물리학자인 로저 펜로즈(Roger Penrose)가 고안한 지도로 말입니다. 지구의 지도를 평평한 종이 위에 그리려면 좌표를 왜곡시켜야 합니다. 가령 경도선이 휘어질 수 있습니다. 시공간의 펜로즈 지도 또한 좌표를 왜곡시킵니다. 하지만 이 지도는 광원뿔이 변하지 않도록 고안된 것이어서, 광원뿔은 여전히 45도 각도로 유지됩니다. 그림 34에 웜홀의 펜로즈 지도가 나옵니다. 그림에 나오는 구불구불한 선처럼 웜홀 입구에서

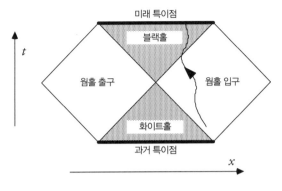

그림 34 웜홀의 펜로즈 지도

시작하는 임의의 시간꼴 경로는 반드시 미래 특이점 속으로 들어갑니다. 빛의 속력보다 빠르지 않으면 출구로 빠져나갈 도리가 없습니다."

"당신이 이미 설명해 준 대로, 빛의 속력을 초월하는 것은 불가능합니다." 시간 여행자가 말했다.

"글쎄요. 아닐 수도 있습니다. 우리는 웜홀에 **특이 물질**을 붙여서 이 문제를 피해나가고자 합니다. 늘어난 스프링처럼 엄청난 음의 압력을 가하는 물질을 말입니다. 하지만 1991년에 맷 비서(Matt Visser)는 온순한 웜홀에 대한 대안적인 기하학을 제시했습니다. 우리는 특이 물질이 될 만한 좋은 재료를 찾아내기만 하면 바로 그것을 검증해 보려고 합니다. 공간 속에 있는 2개의 동일한 정육면체를 잘라서 이 둘의 대응 면들을 서로 붙이겠다는 발상입니다. 그 다음에 이 정육면체의 모서리에 특이 물질을 붙여 보강할 것입니다."

"복잡하네요." 시간 여행자가 말했다.

미로 속의 암소

"정말 그렇습니다. 그게 엔지니어가 하는 일이죠. 복잡한 것이 작동되게끔 하는 일 말입니다. 하지만 특이 물질을 쓸 필요가 없는 좀 더 구식 방법도 있습니다. 게다가 그것은 웜홀을 **만들지** 않아도 되기 때문에 시간 장벽 효과가 없습니다. 원하는 어떤 시간으로도 돌아갈 수 있습니다. 자연이 어떤 비밀을 품고 있느냐에 달린 문제죠." 설령 운이 좋더라도 엄청난 돈이 들겠지만 …….

"이해가 안 됩니다." 시간 여행자가 나의 멋진 몽상을 가로막으며 말했다.

"자연스럽게 생기는 타임머신을 사용하자는 것입니다. **회전하는** 블랙홀 말입니다. 이것은 회전하는 별이 자체 중력에 의해 붕괴될 때 생깁니다. 아인슈타인 방정식의 슈바르츠실트 해는 회전하지 않는 별의 붕괴로 인해 생기는 정적인 블랙홀입니다. 1962년에 로이 커(Roy Kerr)는 회전하는 한 블랙홀에 대한 방정식을 풀었는데, 이 블랙홀을 요즘은 **커 블랙홀**이라고 합니다. (블랙홀에는 두 종류가 있다. 라이스너-노르드스트룀(Reisner-Nordström) 블랙홀은 정적이지만 전하를 갖고 있다. 커-뉴먼(Kerr-Newman) 블랙홀은 회전하면서 전하를 갖고 있다.) 명시적인 해가 존재한다는 사실이 거의 기적입니다. 게다가 커가 그 해를 찾아냈다는 것 또한 분명 기적입니다. 이 해는 아주 복잡해서 **결코** 쉽게 이해할 수 없습니다. 하지만 굉장한 결과를 담고 있습니다.

그중 하나로서, 블랙홀 내부에는 점으로 된 특이점이 존재하지 않습니다. 대신에 원형의 고리 특이점이 회전면 형태로 존재합니다(그림 35). 정적인 블랙홀에서는 모든 물질이 반드시 특이점 속으로 떨어집니다. 하지만 회전하는 블랙홀에서는 그렇지 않아도 됩니다. 적도면 위로 움직이거나 고리를 통과할 수 있습니다. 사건의 지평선도

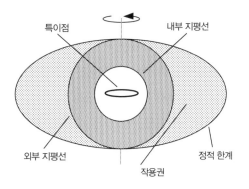

특이점   내부 지평선

외부 지평선   정적 한계

작용권

그림 35 회전하는 블랙홀의 단면

더 복잡해집니다. 사실 그것은 둘로 나뉘어져 있습니다. **외부 지평선**을 통과해 들어온 신호나 물질은 다시 빠져나갈 수 없습니다. 특이점 자체에서 방출된 신호나 물질은 **내부 지평선**을 지나갈 수 없습니다. 내부 지평선에서 바깥쪽으로 나아가 극점에서 외부 지평선과 접하는 부분이 **정적 한계**입니다. 정적 한계 밖에서는 입자들이 마음껏 움직일 수 있습니다. 정적 한계 안에서라면 블랙홀과 같은 방향으로 회전할 수밖에 없습니다. 하지만 여전히 방사상으로 움직여 탈출할 수는 있습니다. 정적 한계와 외부 지평선 사이는 **작용권**입니다. 어느 추진체를 작용권 안으로 발사해 두 조각으로 쪼개 하나는 블랙홀에 붙잡히고 다른 하나는 빠져나오게 하면, 블랙홀의 회전 에너지 일부를 빼낼 수 있습니다.

하지만 가장 놀라운 결과는 그림 36에 나오는 커 블랙홀의 펜로즈 지도입니다. 흰 다이아몬드는 점근적으로 평평한 시공간의 영역을 나타냅니다. 하나는 우리 우주에 있는 것이지만, 나머지 여럿은 꼭 그렇지 않아도 됩니다. 특이점은 점선 형태로 표시되어 있는데, 입

미로 속의 암소

자가 (고리 속으로 들어가서) 그것을 통과할 수 있다는 뜻입니다. 특이점 너머에는 반중력 우주가 놓여 있습니다. 반중력 우주에서는 거리가 음의 부호를 가지며 물질이 서로 반발합니다. 반중력 우주 속에서는 어떤 물질도 특이점으로부터 내던져져 무한히 먼 곳으로 향합니다. 여러 개의 합법적인(즉 빛의 속력을 넘지 않는) 궤적이 휜 경로로 표시되어 있습니다. 이 경로들은 웜홀을 통해 다른 쪽 출구로 이어집니

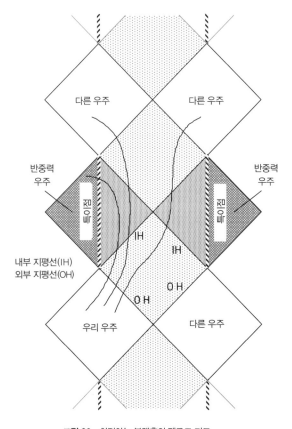

그림 36 회전하는 블랙홀의 펜로즈 지도

다. 하지만 가장 놀라운 성질은 이것이 전체 도표의 일부에 지나지 않는다는 사실입니다. 이것은 수직 방향으로 무한히 반복되기에, 존재할 수 있는 입구와 출구는 **무한개**입니다.

만약 웜홀 대신에 회전하는 블랙홀을 사용한다면, 게다가 그것의 입구와 출구를 호크로즈 & 펜킹의 물질 가공기로 거의 빛의 속력으로 끌어당긴다면, 훨씬 더 실질적인 타임머신을 얻을 것입니다. 그것이라면 당신은 특이점과 충돌하지 않고서 빠져나갈 수 있습니다."

시간 여행자는 기뻐하며 두 손을 서로 문질렀다. "그러면 곧 내 시대로 되돌아갈 겁니다. 선생님, 내 기계의 부품들을 준비합시다. 고친 다음 타임머신을 타고 귀향길에 오르게요."

"당장은 안 됩니다." 내가 말했다. "우선 컴퓨터를 확인해 보겠습니다. 아, 이런. 지금 쓸 수 있는 회전하는 블랙홀이 없습니다. 제작 중인 블랙홀이 하나 있지만 노조가 파업 중이라 아직 완성되지 않았습니다." 그의 얼굴에 낙담의 빛이 가득했다. 나도 마찬가지였다. 잠깐만, 어젯밤 가상 현실 하이퍼미디어 방송에서 본 게 뭐였더라? 알았다! "아이디어가 하나 있습니다. 아주 따끈따끈한 것입니다. 커 블랙홀을 굳이 다루고 싶지 않다면 훨씬 더 단순한 특이점을 가진 시공간을 써도 됩니다. 그게 바로 **우주 끈**입니다. 이것은 시간이 흘러도 공간꼴 영역이 변하지 않는 정적인 시공간입니다."

우주 끈을 시각화하는 데는 2차원 공간을 사용하면 가장 좋다. 부채꼴 모양 부분을 잘라낸 다음 모서리를 서로 붙인다(그림 37a). 종이로 이렇게 하면 위가 뾰족한 원뿔이 생긴다(그림 37b). 하지만 수학적으로는 실제로 구부려 맞대지 않고서도 대응되는 모서리를 확인할 수 있다(3차원 이상의 시공간을 2차원으로 바꾸어 생각하는 상황이므로,

미로 속의 암소

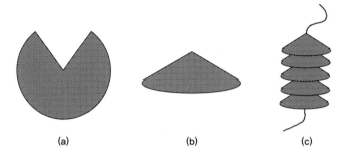

(a)   (b)   (c)

그림 37 (a) 우주 끈의 공간적 구조(평평하게 표현). (b) 잘려 나간 영역의 모서리를 서로 붙여 원뿔을 만듦. (c) 여분의 공간 차원을 더함.

군이 실제로 구부리지 않고서 수학적인 관점에서 파악 가능하다는 뜻이다. — 옮긴이). 시간 좌표는 민코프스키 시공간에서와 마찬가지로 작동한다(그리고 광원뿔을 올바른 형태로 얻으려면, 광원뿔을 실제로 만들지 않고서도 모서리를 확인해야 한다.). 만약 세 번째 공간 좌표로 들어가서 모든 수직 단면에 대해 동일한 광원뿔 만들기 과정을 반복하면, **선**으로 이루어진 덩어리가 생긴다. 이것이 바로 완성된 우주 끈이다. 이런 끈의 한 모형을 만들려면 끈의 길이 방향으로 동일한 원뿔을 많이 꿰면 된다(그림 37c). 유념해야 할 점은, 각 원뿔은 실제 시공간에서 시간이 일정한 영역이라는 것이다.

"시공간으로서의 우주 끈에 관한 물리학적 해석을 제대로 이해할 수 없습니다." 시간 여행자가 말했다.

"그러니까, 기본적으로 우주 끈은 질량을 갖는데, 그건 잘려나간 영역의 각도에 비례합니다. 하지만 일반적인 질량과는 성질이 다릅니다. 원뿔의 꼭짓점을 제외한 모든 부분에서는 시공간이 국소적으로 평형합니다. 민코프스키 시공간과 마찬가지입니다. 실제 원뿔의 겉보기 곡률은 '아무 문제될 것이 없습니다.' 하지만 우주 끈은 시공간의 위상 기하학적 구조에 **전체적인** 변화를 초래합니다. 큰 규모에 걸쳐 측지선, 즉 입자 경로의 구조에 영향을 미치는 것입니다. 예를 들어 우주 끈을 지나는 물질이나 빛은 중력 렌즈 효과를 겪습니다."

"먼 은하가 퀘이사에서 나오는 빛을 휘게 할 수 있는 것처럼 말입니까?"

"그렇습니다. 이제 어떤 면에서 우주 끈은 웜홀과 비슷합니다. 왜냐하면 (실제로는 아니지만) 수학적 의미의 공간 접합을 통해, 민코프스키 시공간의 잘려진 영역을 '건너 뛸' 수 있기 때문입니다. 오래 전 1991년에 존 리처드 고트(John Richard Gott)는 '타임머신 제작을 위해 이와 유사한 방법을 시도했습니다. 더 구체적으로 말해, 그는 거의 빛의 속력으로 서로 지나가는 두 우주 끈으로 형성된 시공간 속에 CTC가 들어 있음을 보여 주었습니다. 출발점은 그림 38에서처럼 대칭적으로 놓여 있는 두 정적 끈입니다. 이것은 보통 시간이 일정한 공간꼴 영역입니다." 시간 좌표는 숨겨져 있는데, 굳이 표현하자면, 이 책의 지면에 수직인 방향으로 흐른다.

"'붙이기'로 인해 점 P와 P*는 동일하며, Q와 Q*도 마찬가집니다. 그림에는 두 점 A와 B를 잇는 3개의 측지선이 나와 있습니다. 수평선 AB, 선 APP*B 그리고 이와 대칭으로 놓여 있는 AQQ*B입니다. 이로써 우주 끈이 중력 렌즈 효과를 일으킨다는 것이 드러납니다. 즉 B에 있는 관찰자는 이 각각의 세 방향을 따라 A의 세 복사본을 보게 됩니다.

고트의 계산에 따르면, 이 두 우주 끈이 충분히 서로 가까우면,

미로 속의 암소

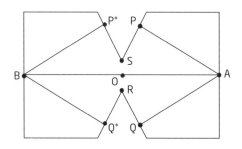

그림 38 두 우주 끈을 쉽게 이해하기 위해 평평하게 펼친 모습

경로 AB를 따라 이동하는 것이 다른 두 경로를 따라 이동하는 것보다 시간이 더 걸립니다. 이것은 중요한 의미를 가집니다. 가령 한 입자가 과거에 위치 A', 시간 T에서 출발하면 T보다 미래 시점에 위치 B에 도달합니다. 만약 이제 R과 S 끈이 움직여, S는 오른쪽으로 R은 왼쪽으로 매우 빨리 움직이면, A(과거)와 B(미래)는 시간 팽창으로 인해 정지한 관찰자의 좌표계에서는 동시에 존재합니다.

따라서 필요한 CTC를 만들려면 입자를 A(과거)에서 출발시켜 PP*를 거쳐 B(미래)로 가게 하면 됩니다. 그 다음에, 대칭에 의해 입자를 B(미래)에서 출발시켜 QQ*를 거쳐 A(과거)로 오게 합니다. 고트의 계산에 따르면, 우주 끈이 빛의 속력에 가깝게 움직이면, 이 CTC는 정말로, 즉 수학적으로 존재합니다."

시간 여행자는 머리를 긁적이더니 얼굴을 찡그리며 말했다. "이제 저도 질문할 것이 생겼습니다. 그런 시나리오가 물리적으로 실현될 수 있습니까?"

"글쎄요. …… 1992년에 숀 캐럴(Sean Carroll), 에드워드 파르히(Edward Farhi), 앨런 구스(Alan Guth)는 우주에는 고트 타임머신을 만들기에 충분한 에너지가 존재하지 않음을 증명했습니다. 더 정확히 말하면, 우주는 정지한 입자들의 붕괴 산물로부터 그러한 에너지를 얻을 만큼의 충분한 물질을 포함하고 있지 않다고 합니다."

"역시 나는 미래에 영원히 갇혀 버린 것 같군요."

"꼭 그렇지는 않습니다. …… 충분히 강력한 새로운 에너지원을 개발할 수 있다면 말입니다. 아직은 아니지만요. 그러나 내가 기억하기로 우리 우주의 은하 분포 조사가 밝혀낸 바에 따르면, 은하들은 몇 억 광년 길이의 구조를 형성하면서 막대한 규모로 모여 있습니다. 이런 은하 집적은 너무나 크므로 이미 알려진 물질들 간의 중력에 의한 현상으로 볼 수는 없습니다."

"그렇다면?"

"한 이론에 따르면, 이런 집적은 자연적으로 생기는 우주 끈에 의해 '씨앗이 뿌려진' 결과라고 합니다. 호크로즈 & 펜킹의 데이터 뱅크에 자연적으로 생기는 우주 끈 잔해의 좌표가 포함되어 있다면, 그리고 당신을 그 우주 끈으로 이동시킬 수 있는 웜홀이 있다면, 우리는 아직도 당신을 고향으로 돌려보낼 수 있을지 모릅니다." 그러면 나도 큰돈을 벌 …….

"그렇다면 이제까지는 어머니 자연이 호크로즈 앤드 펜킹의 모든 공학 기술을 능가해 왔군요."

"우주 끈으로 데려다 줄 우리 회사의 웜홀을 당신이 필요로 한다는 사실은 제외하고요." 이런 점을 지적하면서 나는 컴퓨터에게 근처의 웜홀로 연결될 수 있는 적절한 우주 끈을 찾아보라고 요청했다. 몇 초가 지나자 컴퓨터가 결과를 알려 주었다. "행운이시군요." 내가 그에게 말했다. "베텔게우스 노선의 루나 센트럴에서 3.25를 탄

미로 속의 암소

다음, 마차부자리의 엡실론 별에서 뱀주인자리 직행 노선으로 갈아 타십시오. 뱀주인자리에서 다시 알데바란으로 가는 지역 통근 우주선을 타시면 됩니다. 내가 우주 택시를 부를 테니 타임머신을 싣고 가면 됩니다. 표는 제가 사 드리겠습니다."

"하지만 비싸지 않습니까?"

"네." 내가 말했다. "그것도 아주 비쌉니다. 1년치 봉급이죠. 하지만 제게 갚을 방법이 있습니다." 이렇게 말하며 나는 컴퓨터에게 새로운 지시를 내렸다.

"어떻게요?" 시간 여행자가 물었다. "19세기 말로 돌아갈 수만 있다면 뭐든 하겠습니다."

출력된 문서가 윙 소리를 내며 나왔다. 나는 한 묶음의 문서를 그에게 건넸다. "이것은 1895년에서 2999년의 전 기간에 걸쳐 주요 주식들에 대한 전체 주가 목록입니다. 내 이름으로 신탁 기금에 가입해 주십시오. 영국 은행의 계좌에 1파운드를 투자하십시오. 이 은행은 당신 시대에도 있었지만 지금도 있습니다. 이 문서를 이용해 투자 금액을 **아주** 빠르게 키우도록 하십시오. 아시겠습니까?"

"물론입니다. 시장의 미래를 예측할 수 있다면야 돈벌이는 보장된 셈입니다."

"맞습니다. 평행 세계로만 빠지지 않는다면 말입니다. 하지만 그렇다고 해도 과거의 평행 세계로 가도 미래는 지금과 같을 것입니다. 평행 세계에 사는 우리도 아마 지금과 똑같이 행동할 것입니다. 다른 방향으로 가다가도 역사는 여러 번 원래대로 수렴됩니다. 기꺼이 모험을 걸어보겠습니다. 돌아가면, 이사회를 구성해 일이 제대로 진행되도록 하십시오. 운영비로 수익의 50퍼센트를 사용하십시오. 신탁 기금이 3001년 1월 27일, 즉 내일, 제 서명을 제시하면 만기 해지가 되게 설정해 주십시오. 여기 기록용의 견본 서명이 있습니다."

"하지만 제가 속임수를 써서 돈을 몽땅 차지한다면 어쩌려고 그러십니까?" 그가 물었다.

"그러면 19세기로 돌아가서 그러지 말라고 당신을 설득시켜야 하겠지요." 내가 말했다.

"아. 그러면 되는군요. 걱정 마십시오. 시키는 대로 하겠습니다."

우주 택시가 도착했고 그는 떠났다.

나는 도박사의 자질을 갖고 있다. 그를 자기 시대로 돌려보내는 데 1년치 봉급을 투자했다. 하지만 도박이 성공한다면야 ……. 어쨌든 나는 내일 영국 은행에 중요한 볼일이 있다.

미로 속의 암소

공간 내의 두 동일한 정육면체를 잘라서 대응되는 면들을 서로 붙이자는 맷 비서의 아이디어는 신기하게도 내가 10년 전에 썼던 과학 소설과 닮아 있다. 알다시피 내가 실제 수학과 물리학을 적용한 것은 아니었기에, 그를 앞질렀다고 주장하지는 않겠다. 그 소설은 「잘못 자리 잡은 천국(Paradise Misplaced)」으로 《아날로그(Analog)》 101호 no.3, 1981년, 12~38쪽에 실렸던 작품이다. 주인공인 빌리 조앗(Billy Joat, 여기서 Joat은 Jack of All Trades의 약자로서 아주 특출한 능력은 없지만 두루 재주가 많은 사람을 뜻하는 표현인데, 이 책에서는 이름으로 사용했다. — 옮긴이)은 수수께끼 같은 사건 하나를 해결하기 위해 고용된다. 바함바 브라이트라 군도에는 7만 2107개의 섬이 있어야 한다. 하지만 지금은 7만 2106개의 섬이 있다. 트릭시딕시라는 작은 섬이 사라져 버린 것이다. 빌리가 바다에 비친 자신의 얼굴을 힐끗 바라 본 다음에, 어찌된 사건인지 알아내는 부분이 아래 내용이다.

조앗은 젓가락 2개를 집어서 식탁보 위에 나란히 놓았다. "공간에 2개의 면이 있다고 상상해 봅시다." 그가 말했다. "상간(interphase) 이동 평면이 하는 일은 두 평면을 따라 공간을 잘라 좁고 긴 구멍을 만든 다음에 그것을 반대로 붙이는 것입니다. 한 구멍의 왼쪽을 다른 쪽 구멍의 오른쪽과 붙이는 바람에, 일종의 교차 효과가 생깁니다. 어떤 것이든 한 평면으로 들어가면 다른 평면의 반대쪽으로 나오게 됩니다. 한 면의 왼쪽에서 들어가면 다른 면의 오른쪽으로 나옵니다. 오른쪽으로 들어가면 왼쪽으로 나옵니다. 게다가 그렇게 하는 데 시간도 전혀 들지 않습니다. 그냥 순식간에 도약합니다.

트릭시딕시 섬의 밑바닥에 이동 평면을 만드는 데 필요한 기계를 설치한다고 가정합시다. 이 이동 평면은 어느 다른 바다 아래와 연결되어 있습니다. 일단 이 기계가 작동하면, 그런 면들이 생기게 되고 트릭시딕시 섬은 이들 중 한 평면에서 사라지는 것처럼 보입니다. 그 위에는 단지 바다뿐입니다. 이제 그 평면은 완벽하게 평평하기에 시각적으로도 평평합니다. 잘린 바위, 즉 물 접합면은 거울 역할을 합니다. 왜냐하면 그것은 얇게 잘린 반질반질한 바위 위에 물이 묻은 것처럼 행동하기 때문입니다. 하지만 그 면이 섬을 더 이상 가로지르지 않으면, 접합면의 나머지 부분은 물입니다. 물일뿐이기에 아무런 특이한 것이 보이지 않습니다. 물이 접합면을 따라 자유롭게 움직이므로 거기에 경계가 존재하는지 전혀 구분할 수가 없습니다."

"그건 잘 알겠습니다." 린딜루가 말했다. "하지만 섬의 위쪽 절반이 두 번째 면 위에서 바다 한가운데를 둥둥 떠다니지 않겠습니까?"

"네, 그러면 더욱 복잡해집니다. 내 짐작에 그들은 위아래가 아니라 측면을 옮기기 위한 이동 평면이 달린 어떤 상자를 사용했습니다. 상자 하나를 트릭시딕시 섬 주위에 둥글게 놓고 다른 상자를 빈 바다 주위에 둥글게 놓습니다. 이 둘을 교차시켜 연결하면, 세상에! 섬이 사라지고 맙니다!"

웹사이트

일반적인 내용

http://en.wikipedia.org/wiki/Time_travel

http://www.vega.org.uk/video/programme/61

CTC

http://en.wikipedia.org/wiki/Closed_timelike_curve

우주 끈

http://en.wikipedia.org/wiki/Cosmic_strings

다중 세계

http://en.wikipedia.org/wiki/Many-worlds_interpretation

10

비틀린 원뿔

원뿔의 기하학은 꽤 낡아빠진 분야라고
여러분은 생각할 것이다. 하지만 그렇지
않다. 두 원뿔을 바닥면끼리 서로 붙인 후,
한가운데를 수직으로 자르자. 올바른
형태의 원뿔이라면 정사각형이 나온다.
잘린 조각 중 하나를 직각으로 비틀어
나머지 조각과 붙이자. 이것이 바로
재미있는 수학 장난감, 스피어리콘이다.

원뿔은 오늘날 아마 가장 낯익은 형태일 것이다. 아이스크림 용기 모양이나, 아니면 도로 공사 현장으로 차량들이 진입하지 못하게 줄지어 세워두는 원뿔형 교통 표지판에서 흔히 볼 수 있기 때문이다. 하지만 이전에 원뿔의 영광은 더 고차원적인 영역에서 빛났다. 원뿔의 기하학은 고대 그리스 인들을 매료시켰는데, 그 까닭은 주로 평면으로 원뿔을 잘랐을 때 생기는 멋진 곡선 때문이었다. 타원, 포물선 그리고 쌍곡선 같은 '원뿔 단면'은 오늘날 천체 역학, 즉 행성, 혜성을 비롯한 기타 천체들의 운동을 다루는 학문에 적용되면서 중요성을 갖게 되었다. 덴마크 천문학자인 튀코 브라헤(Tycho Brahe)는 행성들을 관찰했고, 독일의 수학자 겸 점성술사이자 신비주의자인 요하네스 케플러(Johannes Kepler)는 화성의 궤도가 타원임을 계산해 냈으며, 영국의 수리 물리학자인 아이작 뉴턴(Isaac Newton) 경은 거리 제곱의 역수로 표현되는 중력 법칙을 유도해 냈다. 아폴로 우주선의 달 착륙도 이 법칙에 따른 결과이다.

그리스 인들은 전혀 기대하지 않았던 결과였다. 그들은 다만 원뿔 단면 자체의 흥미로운 기하학적 구조에 매력을 느꼈을 뿐이다. 아울러 그들은 자와 컴퍼스만으로는 해결할 수 없는 문제들을 푸는 데 이 곡선들을 사용하는 방법을 알아냈다. 그런 문제들로 각의 삼등분과 정육면체를 두 배로 만들기(주어진 한 정육면체의 두 배 부피의 정육면체 만들기, 결과적으로 한 변의 길이가 $\sqrt[3]{2}$인 정육면체 만들기)가 있다. 새로운 곡선이 이런 문제들을 해결할 수 있었던 까닭은 두 원뿔 단면이 만나는 점들은 3차방정식 및 4차방정식의 해에 해당했기 때문이다. 자와 컴퍼스는 고작 1차방정식 및 2차방정식만 풀 수 있었던 것이다. 우연하게도 이 고전적인 문제들은 3차방정식을 푸는 문제로 귀결되는데, 정육면체를 두 배로 만들기에서 이런 점이 확실히 드러난다. 그리고 각의 삼등분 문제는 간단한 삼각법에 따라 해결된다. 20장을 참고하기 바란다. 고대로부터 내려오는 다른 유명한 문제의 하나인 원을 정사각형으로 만들기(주어진 한 원과 면적이 같은 정사각형 만들기)는 원뿔 단면을 써도 해결할 수 없다. 역시 20장을 보기 바란다.

원뿔 자체는 그것의 단면보다 대체로 수학자에게 큰 흥미를 끌지 못했다. 원뿔은 매우 단순한 형태이기 때문이다. 볼 품 없는 원뿔에 대해 더 할 말이 남아 있을까? 물론 그렇다. 1999년 5월에 「수학

미로 속의 암소

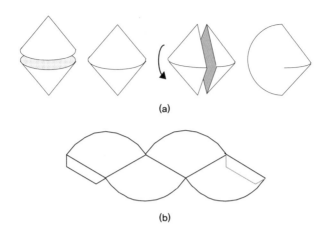

(a)

(b)

그림 39 (a) 스피어리콘. (b) 카드로 스피어리콘을 만드는 방법.

레크리에이션」칼럼의 독자인 C. J. 로버츠(C. J. Roberts)는 자신이 '스피어리콘(sphericon)'이라고 이름 붙인 흥미로운 형태에 관해 내게 편지를 보냈다. 심지어 스피어리콘 2개를 동봉했다. 그리고 나중에는 수십 개의 스피어리콘이 들어 있는 큰 상자 하나를 보내 주었다. 그가 내게 스피어리콘을 보낸 이유는 잠시 후 설명하겠다.

스피어리콘(그림 39a)은 뒤틀어 놓은 이중 원뿔(밑면을 서로 붙여 놓은 동일한 두 원뿔)이다. 이 설명 그대로이다. 원뿔을 평평한 테이블 위에 뉘여 놓으면 원을 그리며 빙글빙글 돈다. 이중 원뿔도 시계 방향이나 반시계 방향으로 구를 수 있지만, 빠르게 굴리거나 레일 위에 올려 두면 직선으로만 구른다. 스피어리콘은 평균적으로 직선 경로를 따르며 꿈틀꿈틀 움직이게 할 수 있다. 만들기 쉽고 놀랍도록 단순하면서 매우 재미있다. 특히 많이 만들면 더욱 재미있다. 전에는 어디에서도 이런 형태를 본 적이 없었다. 하지만 위대한 익스텔리전스

(extelligence, 이 책의 저자인 이언 스튜어트와 잭 코언(Jack Cohen)이 만든 신조어. 뇌의 지식과 인식 과정을 뜻하는 인텔리전스(intelligence)와 대조되는 용어로서, 익스텔리전스를 '부족 전설, 민간 전승, 자장가, 책 등의 형태로 우리에게 전해지는 문화적 자산'이라고 정의했다. — 옮긴이)에 어떤 흥미로운 것이 존재하는지 누가 알겠는가?

이중 원뿔을 아래위 두 꼭짓점을 포함하는 평면을 따라 자르면, 마름모꼴의 단면, 즉 네 변의 길이가 같은 평행사변형이 생긴다. 적절한 형태의 원뿔을 사용하면 **정사각형** 단면이 생긴다. 다른 모든 마름모꼴과 달리 정사각형은 여분의 대칭성을 갖고 있다. 즉 직각으로 회전했을 때 원래 모습과 포개어진다. 따라서 그런 이중 원뿔을 가운데를 따라 자를 수 있고, 그렇게 해서 생긴 두 조각 중 하나를 90도 회전시켜서 나머지 조각과 붙인다. 이것이 스피어리콘이다. 비틀림 덕분에 이것은 이중 원뿔이 아니라 훨씬 더 흥미로운 존재가 된다. 절반의 이중 원뿔 둘을 비틀어 합친다고 반드시 이중 원뿔이 될 필요는 없다!

스피어리콘은 얇은 카드 한 장으로 만들 수도 있다. 이 카드를 잘라서 동일한 4개의 부채꼴 모양이 서로 교대하는 방향으로 접하게 붙이면 된다(그림 39b). 이 형태를 설계하는 데 필요한 주된 계산은 부채꼴의 두 직선 모서리 사이의 각도를 찾아내는 일이다. 반지름이 1이라고 가정하자. 이중 원뿔이 정사각형의 단면을 갖고 있다면, 원뿔 각각의 밑면의 지름은 피타고라스 정리에 따라 $\sqrt{2}$ 이다. 따라서 밑면의 둘레는 $\pi\sqrt{2}$ 이다. 한 부채꼴의 모서리의 길이는 이 둘레의 절반이다(왜냐하면 이중 원뿔을 절반으로 잘라서 스피어리콘을 만들기 때문이다.). 따라서 부채꼴의 중심각은 $\pi\sqrt{2}/2$ 라디안이다(부채꼴의 중심각(라

미로 속의 암소

디안 단위)은 원호의 길이를 반지름으로 나눈 값이다. — 옮긴이). 일반각으로 환산하면 $90\sqrt{2}$, 즉 대략 127.28도.

그림에 나온 형태로 잘라냈다면, 부채꼴들을 절반 원뿔로 말은 다음에, 서로 맞는 모서리끼리 붙인다. 필요할 경우 조금 정리를 해 주면 이중 원뿔의 호가 아무 틈도 없이 딱 들어맞는다. 원한다면 틈이 벌어지지 않게 접합 부위에 테이프를 발라도 된다.

스피어리콘이 보여 주는 첫 번째 재미는 구른다는 것이다! 그뿐만이 아니다. 그것은 꿈틀꿈틀 구른다. 우선 하나의 원뿔 구역이 지면에 닿고, 이어서 그 다음 구역이 닿는다. 따라서 교대로 왼쪽 오른쪽으로 꿈틀거리면서 앞으로 나아간다. 특히 약한 내리막의 윗부분에서 출발시키면 꿈틀거리면서 내려가는 모습이 무척 재미있다. 로버츠 씨의 편지가 왔을 때, 마침 모여 있던 여러 전문 수학자들은 책상 위에서 책을 비스듬히 기울여 스피어리콘을 굴리면서 30분 동안 즐거운 시간을 보냈다.

그 편지는 스피어리콘의 환상적인 능력 몇 가지를 귀띔해 주었다.

하나의 연속적인 면으로 이루어져 있다.

평평한 표면에서 구른다.

하나는 다른 하나 주위로 빙글빙글 영원히 구른다.

넷은 정사각형 블록을 이루며 서로의 주위로 빙글빙글 구른다.

여덟은 다른 하나의 표면에 들어맞는데, 각각은 구르는 자세를 유지하면서 다른 둘에 붙어 있다.

9개로 이루어진 이 블록은 9개로 이루어진 다른 블록 주위로 영원히 빙글빙글 구른다.

흥미가 생겨서 내가 더 많은 정보를 알려 달라고 하자 큰 마분지 상자가 하나 왔다. 상자는 사실상 무게가 없는 것이나 마찬가지였다! 이것은 투명한 테이프로 깔끔하게 조립한 '약 50개의 스피어리콘으로 된 큰 격자'였다. 이 격자는 결정체의 원자 격자처럼 3차원상에 무한히 같은 구조가 반복된다. 그나마 트럭 한 대 분량을 받지 않아 다행이라는, — 어쩌면 불행인지도 모르지만 — 생각이 들었다.

스피어리콘이 그처럼 멋진 기하학적 성질을 가진 이유 중 하나는 그것의 네 '모서리' — 그림 39에서 각 구역이 서로 만나는 선 — 가 정팔면체의 네 모서리를 따라 놓여 있기 때문이다. 정팔면체의 나머지 네 모서리는 구역의 꼭지각을 이등분하는, 점선으로 표시된 선에 대응된다. 그런데 정팔면체는 정육면체와 밀접한 관련이 있다. 정육면체 각 면의 한가운데에 점을 찍고 그 점들을 직선으로 이으면 정팔면체가 생긴다. 물론 정육면체는 규칙적으로 쌓는다면 평평한 층을 형성하거나 3차원 공간을 채우는 형태이다.

물론 스피어리콘의 기하학에는 더 많은 내용이 있지만, 우선은 이것부터 시작하면 좋다.

로버츠는 1970년 무렵에 스피어리콘을 발명했다. 학창 시절부터 그는 기하학을 늘 잘 했는데, 마침 소목장이의 견습생으로 첫 직업을 시작했다. 따라서 당연하게도 그가 만든 첫 스피어리콘은 나무를 깎아서 만든 것이었다. 첫 출발점은 뫼비우스 띠였다. 종이 끈의 끝을 180도 비틀어 붙인 이 형태는 위상 기하학자들뿐만 아니라 학생들에게도 잘 알려져 있다. 하지만 로버츠는 종이에는 분명 두께가 존재하기에 끈의 단면이 실제로는 길고 얇은 직사각형이라는 사실을 알아차렸다. 만약 그 단면을 정사각형으로 만들 수 있다면 끝을

미로 속의 암소

90도만 비틀어 붙일 수 있다. 그러면 바깥 면이 단 한 번 휘어진 면으로 된 입체가 생긴다. 하지만 이 형태는 가운데 구멍이 있다. 즉 끈이다. 바깥 면이 단 한 번 휘어진(비틀린) 면이면서 고리가 아닌 입체가 존재할까? 어느 날 정사각형 단면을 가진 긴 목재를 다루면서 로버츠는 끝 부분을 둥글게 대패질해 원뿔형으로 만듦으로써 한 면을 다음 면과 합쳐 보자는 생각을 하기 시작했다. 양 끝에서 이렇게 하고 그 사이의 나무를 제거하면 스피어리콘이 얻어진다.

그는 마호가니로 스피어리콘을 하나 만들어 여동생에게 주었는데, 그녀는 줄곧 그것을 간직했다. 이후 그는 1997년까지 그 주제를 잊고 지냈는데, 마침 그해 크리스마스에 나는 연속 텔레비전 수학 강의 — 영국에서 정기 행사였던 그 강연은 1826년 마이클 패러데이 시절로까지 거슬러 올라간다. 물론 당시에는 텔레비전으로 하지는 않았다. — 에서 대칭에 대해 이야기했다. 그 강연을 보자 다시 흥미를 느낀 그가 내게 편지를 보냈던 것이다.

오른쪽 방향에서 보면, 즉 한 구역의 가운데를 따라 보면 스피어리콘은 하나의 대각선이 그려진 정사각형으로 보인다(그림 40a). 다른 방향에서 보면 직각 이등변삼각형인데 가장 긴 변에 반원이 붙어 있는 모습처럼 보인다(그림 40b). 두 스피어리콘이 서로 나란히 놓이면(그림 40c), 둘은 서로의 면 상에서 구를 수 있다. 그림 40d는 90도 회전한 후의 모습이다. 그림 40e는 이웃해 동시에 영원히 서로 구를 수 있도록 배열된 4개의 스피어리콘을 보여 준다. 그림 41에서 볼 수 있는 것처럼 8개의 스피어리콘은 다른 한 스피어리콘 주위에 들어맞는데, 모두들 자세를 유지한 채 가운데 것과 맞대고 구를 수 있다. 주위의 스피어리콘들이 서로 구를 수 있게 하지 않으면 이렇게 하기는

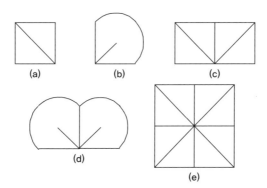

그림 40 (a) 정사각형 단면. (b) 삼각형에 반원을 붙인 모양. (c) 서로 구르는 2개의 스피어리콘. (d) 90도 회전한 후의 모습. (e) 함께 구르는 4개의 스피어리콘.

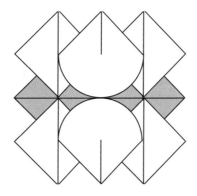

그림 41 하나를 감싸고 있는 8개의 스피어리콘. 모두 구르는 상태를 유지할 수 있다.

불가능하다. 이런 식으로 계속 할 수 있다. 이렇게 해 보면, 내가 받은 그 거대한 상자가 어떻게 생겨났는지 여러분도 알 수 있다.

　스피어리콘의 가능한 배열은 끝이 없는 것 같다. 이 놀랍도록 단순하면서도 매우 재주가 많은 장난감을 여러분도 즐겁게 갖고 놀기 바란다. 아울러 직접 새로운 배열을 찾아보기를.

미로 속의 암소

여러 명의 독자들, 특히 캘리포니아 주 앨햄브라의 존 D. 디터먼(John D. Determan)과 일리노이 주 워렌빌의 세실 다이시(Cecil Deisch)를 비롯한 독자들이 60도 꼭짓점을 가진 원뿔을 사용하자고 제안했다. 절반으로 자르면 이 원뿔은 단면이 이등변삼각형이며, 2개의 그러한 절반 원뿔을 120도 비틀어서 붙일 수 있다. 그 결과로 생긴 물체는 구르기는 하지만 멀리 구르지는 않는다. 다이시는 이 형태의 흥미로운 변형을 내놓았다. 우선 60도 꼭짓점을 가진 원뿔 2개를 원뿔의 경사면에 직각으로 자른 후, 바닥면끼리 서로 붙인다(그러면 바닥면은 이제 타원이다.). 이 물체를 다시 절반으로 자르면 단면이 이등변삼각형인 두 원뿔이 나오는데, 이 둘을 비틀어 붙일 수 있다. 버몬트 주의 쉘버른에 사는 데이비드 라쿠센(David Racusen)은 단면이 정사각형인 원기둥(원기둥의 단면은 일반적으로 정사각형이 될 수 없지만, 원기둥의 높이가 원의 지름과 같을 경우 이 원기둥을 세워 놓고 위쪽 원 면의 지름을 따라 세로로 자르면 단면이 정사각형이 될 수 있다. — 옮긴이)을 이용해, 절반으로 자른 다음 그 둘을 90도 비틀어 붙인 형태를 제안했다. 그리고 일리노이 주 브룩필드의 돈 밴크로프트(Don Bancroft)는 자신의 1981년 미국 특허의 견본 하나를 보내서(「더 읽을거리」를 참고하기 바람), 2개의 반원을 90도 비틀어 직선 부분의 가운데를 서로 붙여 만든 굴리는 물체를 설명해 주었다. 그 특허에는 이런 아이디어를 바탕으로 한 몇 가지 변형도 설명되어 있다.

일반적인 내용

http://en.wikipedia.org/wiki/Sphericon

움직이는 '3D' 이미지

http://www.interocitors.com/polyhedra/n_icons/index.html

11

눈물방울은 어떤 형태일까?

감각은 때때로 우리를 속인다. 적절한 예를 하나
들어 보자. 눈물방울은 어떤 형태일까? 단지 그것이
눈물방울 형태가 아니라는 말을 들었다고 해서
여러분은 놀라지 않을 것이다. 하지만 그것이
실제로는 얼마나 기괴하리만큼 복잡한지 알게 되면
깜짝 놀랄지도 모른다.

그리고 새는 잔가지에

그리고 잔가지는 큰 가지에

그리고 큰 가지는 나무에

그리고 나무는 땅 속에

그리고 푸른 풀은 온 주위에, 온 주위에 자랐네,

그리고 푸른 풀은 온 주위에 자랐네!

기타 연주자가 마지막 화음을 튕기자 가수들이 노래를 멈추었다.

"주여, 이 노래를 주셔서 감사합니다." 올리버 거니(Oliver Gurney)가 중얼거렸다.

"한 번 말했는데도 1000번이나 말한 것 같아."

"정말로 네가 1000번이나 **한** 말이거든." 디어드르(Deirdre)가 한숨을 내쉬며 말했다. "너한테서 늘 듣는 소리라고."

"화분에 넣은 겨울잠쥐는 포크송을 부른다고 나아지는 술집이 아니라고."

"따뜻한 난로가 있는 술집이지." 내가 말했다. "밖에는 비가 추적추적 내리고 있어. **내** 마음에 쏙 들어. 어쨌든 너의 청원서 덕분에 하몬드 오르간 나이트는 없어졌어. 네가 그걸 왜 **퀸**에게 보냈는지는 도무지 모르겠지만 말이야. 포스딕스 양조장의 관리 감독에게 보내면 분명 충분했을 텐데."

"나는 가장 높은 곳으로 간다는 것을 믿어." 올리버가 말했다. "신이시여, 분명 그들은 다음에 빌리지 펌프에서 시작할 것입니다."

"난 빌리지 펌프가 마음에 들어." 디어드르가 끼어들었다. "그곳의 노래들이 좋아. 모든 걸 새롭게 보게 해 주는 음악이라고."

"아, 이런……."

"정말 그렇다니까. 잔가지 위에 새가 있고 그 잔가지는 …… 이렇게 이어지는 노래를 들어봐도 나무가 얼마나 복잡한지 알 수 있게 해줘. 그리고 나무의 작은 부분들이 비록 크기는 작지만 나무 전체와 얼마나 닮았는지도 알게 해 주지."

"자기 유사성." 내가 말했다. "프랙털 기하학이야. 큰 벼룩 안에 작은 벼룩이 있고 그 작은 벼룩에 더 작은 벼룩이 있고 이렇게 무한히 이어지지. 따라서 분재술인 셈이야."

미로 속의 암소

내가 아리송한 이야기를 늘어놓는 데 익숙한 녀석들이라 나무에서 벼룩으로 소재를 바꾸어도 전혀 혼란스러워하지 않았다. "분재술?"

"작은 나무가 큰 나무를 닮도록 가꾸는 일본의 기법이야. 규모에 무관한 구조가 아니면 통하지 않긴 하지."

"분재 **산** 만들기를 하던 녀석을 한 명 알아." 올리버가 말했다. 몇 초가 지나서야 우리는 그의 말을 알아차렸다.

"수석 말이야?" 디어드르가 물었다.

"돌들을 적절하게 쌓으면 산처럼 보여." 내가 말했다.

"그 녀석은 단지 돌을 접시 위에 올려놓지 않았어." 올리버가 말했다. "적절한 분재 산을 만드느라 심혈을 기울였지. 녀석은 온갖 장비를 갖추고 있었어. 물을 뿌리는 마개가 달린 작은 호스며 돌에 소형 폭풍우 세례를 가하는 용도인 특수 받침대에 고정된 선풍기에다 소규모 번개를 일으키기 위한 스파크 발생기, 햇빛을 모으기 위한 수많은 소형 거울들까지 갖추고 있었어. 심지어 소형 인공 눈 발생 장치도 있었어."

"정말?" 정원 가꾸기에 관심이 있었던 디어드르에게는 중요한 주제였다.

"응. 하지만 그만 두었어."

"왜?"

"돌에 진딧물이 가득 달라붙었거든. 진딧물들이 돌 위에서 스키를 타고 놀아." 디어드르가 올리버를 찰싹 때렸다.

기타 연주자는 악기를 가방 속에 넣고 나서 가방을 벽에 기댔다. "잠깐만 쉽시다. 여러분." 그가 말했다. 곧 가수들이 술집 내에 대충

적당한 자리를 찾아 흩어졌다. 올리버가 그들을 따라 가더니, 몇 분 후에 거품이 이는 생맥주 두 잔과 블루문(Blue Moon) 한 병을 들고서 의기양양하게 나타났다. 생맥주 한 잔은 그가 갖고 다른 한 잔은 디어드르에게 주었다. 그리고 내가 보기에 아주 이상한 자세로 올리버는 내 쪽으로 블루문을 건넸다.

"있잖아, 내가 아주 맛이 좋은 칵테일을 개발했어, 알겠어? 난 아무에게도 미안해하지 않아도 돼. 표준량의 4분의 3의 보드카, 이와 동일한 양의 데킬라, 한 표준량의 블루 큐라소, 맛을 내기 위한 레모네이드에다 조각 얼음을 듬뿍 넣어서 만든 멋진 칵테일이지. 다음에는 브루클린 바머(Brooklyn Bomber)에 도전해야겠어." 내가 올리버에게 한 말이었다.

올리버는 얼굴을 찌푸리더니 한 잔 길게 들이키며 히죽 웃었다. "맥주가 나아." 이렇게 말한 다음 그는 잔을 내 앞에 놓았다. 그가 막 무슨 말을 하려는데 **또로롱** 소리가 똑똑히 들렸다! 우리 모두가 그 소리를 들었다. 올리버가 어디서 나는 소리인지 알려고 둘러보았고, 우리는 다시 한 번 그 소리를 들었다.

"네 맥주에서 나는 소리야." 디어드르가 말했다.

"맥주는 **또로롱** 소리를 내지 않아." 올리버가 맞받아쳤다.

"네 맥주 맞아. 천장에서 빗방울이 떨어진 거야. 분명 천장이 샌 거라고."

올리버가 그처럼 빨리 움직이는 것을 본 적이 없었다. 그는 잔을 움켜쥐고서 자기 몸 쪽으로 끌어당겼다. 마치 갓 태어난 새끼를 하이에나로부터 지키려는 어미 같은 모습이었다. "희석." 그가 에둘러서 설명하기 시작했다. "맥주에 물을 탔다고 술집 주인을 고발해야 하

미로 속의 암소

지 않을까?"

"올리버, 고작 두 방울이야."

"원칙은 지켜야 해." 올리버가 중얼거렸다.

"글쎄, 내 원칙은 아무 잘못도 없는 주인을 괴롭히지 않아야 한다는 거야. 고의가 아니라고."

살펴보니 물이 계속 떨어져 테이블에 튀면서 아주 작은 물방울들이 사방으로 날렸다. "뭐가 그리 흥미로운지 모르겠네." 디어드르가 말했다.

"나는 **보고** 말 거야. 이런, 너무 빨리 일어나는 현상이야. 틀림없이 모두가 잘못 알고 있어."

"뭘 잘못 알고 있는데?"

올리버는 조용하라며 통통한 손을 흔들어댔다. "디어드르, 넌 포크송이 사람들로 하여금 일상적인 것들을 새롭게 보게 해 준다고 말했었지. 빗물방울 또는 눈물방울도 …… 한 가지 질문을 할게. 눈물방울이 무슨 모양이지?"

디어드르는 잠시 생각하더니 이렇게 말했다. "눈물방울 모양이지 뭐."

올리버는 디어드르에게 펜과 냅킨을 건넸다. "하나 그려 봐." 디어드르는 올챙이처럼 보이는 통통한 방울 하나를 그렸다. 머리는 둥글고 차츰 휘어지다가 위쪽으로 향하는 꼬리가 그려진 그림이었다.

올리버가 그림을 쳐다보았다. "왜 이런 모양이라고 생각해?"

"글쎄, 눈물방울은 이런 모습이야. 전형적인 '눈물방울' 모양이지."

"확실해?" 물방울이 또 다시 테이블에 떨어져 튀었다. "그런 모습인지 직접 봤어? 본 거야?"

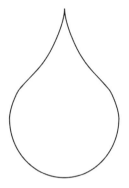

그림 42 전형적인 '눈물방울' 모양. 하지만 정말 이런 모양일까?

"글쎄, 그건 아냐. 너무 빨리 떨어지니까 말이야. 하지만 **모두들** 물방울을 그렇게 그려." 올리버는 고개만 끄덕일 뿐 아무 말이 없었다. "네 말은 그러니까 모두들 물방울을 잘못 그린다는 거야?"

"대답은 일단 보류."

"하지만 수도꼭지에서 물방울이 떨어질 때 물방울이 불룩하게 커지면서 달려. 그리고 그 일부가 아래로 떨어져. 그래서 물방울이 떨어지기 직전에 뾰족한 꼬리가 생긴다고."

"그 모습도 그려 봐." 올리가 부탁하자 디어드르가 그림을 그렸다(그림 43).

"흠. 물방울이 떨어질 때 뾰족한 꼬리가 줄곧 달려 있다고 여기나 봐."

"그래."

"하지만 수도꼭지에 달려 있는 물방울은 둥글잖아?"

"그래. 표면 장력 때문이지."

미로 속의 암소

"그렇다면 표면장력이 왜 떨어지는 물방울 꼬리는 둥글게 만들지 않는 건데?"

"물방울이 움직이기 때문에 뒤로 길게 끌려서 그래."

"확실해?"

디어드르는 잠시 멈추더니 입술을 오므리고 생각에 잠겼다. 조금 후 머리를 흔들면서 말했다. "아냐. 그건 말이 안 돼. 꼬리도 둥글게 떨어져. 떨어지는 눈물방울은 대체적으로 분명 구형이야. 공기 저항으로 조금 평평해지기는 하겠지만."

올리버가 고개를 끄덕였다. "진동할 수도 있어. 아무튼 너는 그림이 실제로는 이런 모습이어야 한다고 여기는구나." 올리버가 그림 44를 그렸다.

"그런 것 같아. 하지만 더 이상은 모르겠어." 디어드르는 혼란스러워 보였다. 우리가 자연의 실상을 파악하는 능력이 이토록 보잘것

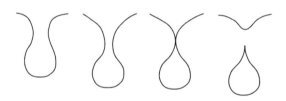

그림 43 떨어지는 물방울은 이런 모습일까?

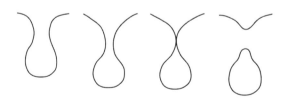

그림 44 아니면 이런 모습?

없다는 사실이 놀랍지 않은가?

"그런 내용을 나도 읽은 적이 있어." 내가 끼어들었다. "내가 보기에 놀라운 점은 해답을 찾은 게 그리 오래 되지 않았다는 사실이야. 말 그대로 수킬로미터에 달하는 도서관 서가에는 유체 역학에 관한 과학 연구서들이 가득해. 그러니 물방울의 모양을 보려고 누군가는 애써 그런 자료를 찾지 않겠니? 하지만 초기 문헌에는 올바른 그림이 단 하나뿐이야. 물리학자 레일리 경(3rd Baron Rayleigh, John William Strutt)이 100년 전에 그린 그림이야. 게다가 **실물 크기야.**" 나는 잠시 숨을 골랐다. "너무 작아서 누구도 거의 알아차릴 수 없다는 말이지."

"딱 맞췄어." 올리버가 말을 받았다. "기념으로 네가 다음 술을 사지 그래. 아무튼 실제 모양은 널리 알려지지 않고 있다가, 1990년이 되어서야 응용 수학자인 하웰 페레그린(Howell Peregrine)과 브리스틀 대학교의 동료들이 물방울이 분리되는 사진을 찍은 덕분에, 너희들이 상상하는 것보다 훨씬 더 아주 복잡하면서도 매우 흥미로운 현상임을 알아냈어." 올리버는 재빨리 연속 그림들을 그렸고 나는 사람들을 헤치며 주문대로 갔다. 맥주 두 잔과 하비 월뱅어(Harvey Wallbanger. 체리 브랜디가 다 떨어져서 브루클린 바머는 애당초 주문이 불가능했다.) 한 잔을 들고 돌아왔더니, 올리버가 그림을 막 완성해 놓았다(그림 45).

"**이상해.**" 디어드르가 말했다.

"아냐. 그냥 오렌지 주스, 보드카, 갈리아노(이탈리아 술의 일종 — 옮긴이), 그리고 오이 조각일 뿐이야."

"아니 네가 갖고 온 술이 아니라 이 방울 모양."

그림 45 분리되는 물방울에 대한 연속적인 형태 변화(이론)

그림 46 분리되는 물방울에 대한 연속적인 형태 변화(실제)

"대부분의 사람들에게는 전혀 뜻밖이겠지." 올리버가 말했다. "하지만 실제로 이런 모양이야(그림 46). 처음에는 수도꼭지 끝에 물방울이 부풀리며 매달려 있어. 허리가 생기더니 차츰 가늘어지면서 전형적인 물방울 모양의 머리가 생겨. 하지만 짧고 뾰족한 꼬리가 생기며 떨어지는 대신에 허리 부분은 길고 가는 원형 실처럼 길어지는데, 거의 구형에 가까운 방울이 맨 끝에 달려 있어."

나는 그림을 들고서 살펴보았다. "물방울이 구형이 되는 이유를 알겠어. 아주 느리게 떨어지니까 중력은 무시할 수 있어. 그래서 표면 장력 에너지를 최소화하려다 보니까 구형이 되는 거야."

"왜?"

"표면 장력은 넓이에 비례하는데, 구는 주어진 부피에 대해 면적이 가장 작은 형태야." 올리버가 내 등을 다정히 두드렸다. "하지만 실 형태가 왜 생기는지 모르겠는데."

"대부분 점성 때문이야." 올리버가 말했다. "끈적거리는 성질 말이야. 만약 물 대신 시럽인 유체였다면, 길게 매달리는 실 형태에 너도 놀라지 않았을 거야. 그렇지 않니? 하지만 물도 시럽만큼 끈적이지는 않지만 꽤 점성이 커."

"그건 잘 알겠어." 디어드르가 말했다. "하지만 왜 실이 영원히 이어지지 않지?"

"불안정성!" 내가 고함을 치자 옆 테이블에 앉아서 크리비지 카드게임을 하던 나이 든 여자 셋이 깜짝 놀랐다. 그들은 나를 째려보았다. "실이 너무 길어지면 불안정해져." 나는 말했다.

"바로 그거야." 올리버는 그가 좋아하는 트라이프(tripe, 소의 위에 있는 고기 부분 — 옮긴이) 앤드 비트루트 칩 봉지를 열면서 맞장구를 쳤다. "좀 먹을래?" 그가 내 쪽으로 과자 봉지를 어설프게 흔들면서 중얼거렸다. 나는 고개를 흔들었다. "불안정성으로 인해 실 부분은 점점 가늘어지다가, 구형의 물방울과 만나는 바로 그 지점에서 뾰족한 점이 돼. 이 단계에 이르면 물방울 형태는 뜨개질바늘이 오렌지에 닿기 직전의 모양이야. 조금 후 오렌지는 바늘에서 떨어지면서 분리되는데, 떨어지면서 살며시 진동해. 이런 식으로 물방울이 분리되는 거야. 하지만 이건 전체 이야기의 절반에 지나지 않아." 올리버는 과자 칩을 더 많이 입에 집어넣고서 포스딕의 최상급 비터(영국에서 인기 있는 쓴 맥주의 일종 — 옮긴이)를 꿀꺽이며 함께 삼켰다. "이제 바늘의 뾰족한 끝 부분이 둥글어지기 시작하면서 미세한 파동이 바늘의 위쪽으로 전파되는데, 그러면 늘어진 실 형태가 진주를 뀀 끈처럼 보이면서 점점 더 작아져. 마침내 늘어진 실 형태는 위쪽 끝에 있는 뾰

미로 속의 암소

족한 끝을 향해 더욱 가늘어지다가 그것 또한 분리돼. 그것이 떨어질 때 위쪽 끝 부분도 둥글어지면서 아래쪽과 아주 비슷한 연속적인 파동이 아래로 전파돼."

디어드르와 나는 둘 다 의자에 기대어 술집의 빈 공간을 바라보다가 다시 올리버의 그림을 살펴보았다. "놀랍네." 디어드르가 말했다. "떨어지는 물방울이 그렇게 **바쁜** 줄은 상상도 못했어."

"나도 그래." 내가 말했다. "또한 아주 특이한 점도 있어. 그러고 보니 왜 아무도 이 문제를 이전에 수학적으로 세밀하게 연구하지 못했는지 확실히 이해가 돼."

"왜 연구를 못했는데?"

"너무 어려워서야. 사실, 물방울이 분리될 때 이 문제에는 **특이점**이 존재해. 즉 수학을 적용하기가 난처한 점이 생겨. 특이점은 '바늘'의 끝이야."

"하지만 왜 특이점이 존재하지? 왜 물방울은 그처럼 복잡한 방식으로 분리되는 거야?"

올리버가 끼어들었다. "1994년에 물리학자 옌스 에게르스(Jens Eggers)와 토드 듀폰(Todd. F. Dupont)은 이 과정이 유체 역학의 나비에-스토크스 방정식의 결과임을 밝혀냈어. 둘이 이 방정식을 컴퓨터로 시뮬레이션했더니 페레그린이 설명한 대로 결과가 나왔거든." 올리버는 활짝 웃는 체셔 고양이(『이상한 나라의 앨리스』에 나오는 고양이 ─ 옮긴이)처럼 보였다. 예상했던 만큼 내가 흥미를 보이지 않자 올리버는 실망스러운 듯 물었다. "왜 시큰둥한 표정이야? 그건 대단한 연구 결과라고."

"물론 그렇지." 내가 대답했다. "그런 연구의 절반만큼의 성과만

거두었어도 난 자랑스러웠을 거야. 하지만 난 그게 진정한 해답이라고는 생각하지 않아. 그 연구는 나비에-스토크스 방정식이 정확한 과정을 정말로 예측한다는 점을 **재확인시켜 주는 것일 뿐**, 그것 자체로 이 현상을 이해할 수는 없어. 어마어마한 수치상의 결과를 얻는 것과 해답이 **의미하는** 바를 머리로 확실히 이해하는 것은 엄연히 달라."

올리버가 턱을 긁으며 말했다. "넌 설명에 관한 철학을 말하고 있어. 안 그래?"

"난 어떤 종류의 설명이어야 어떤 것을 이해했다는 느낌이 드는지를 말하고 있어. 그걸 철학이라고 불러도 될 거야. 일반적인 과학이나 수학은 분명 아니니까. 우리가 과학과 수학을 어떻게 **이해하느냐**에 관한 이야기이지.

내가 듣고 싶은 설명 유형은 물방울 모양을 그 자체로서 다루면서 간단명료하게 펼쳐지는 논리적 사고로서 그 현상이 일어나는 과정을 설득력 있게 제시해 주는 거야. 떨어지는 물방울에 관해 이런 관점에 딱 들어맞는 설명을 누가 했는지는 잘 모르겠어. 하지만 내가 기억하기로 시카고 대학교의 X. D. 시(X. D. Shi)를 비롯한 몇몇 학자들의 연구가 이런 방향으로 진행되었어. 주요 개념은, 이미 페레그린의 연구에서도 제시되었지만, 유체 역학 방정식에 대한 특별한 종류의 해야. 이걸 **상사해**(similarity solution)라고 불러."

"도대체 그게 뭐야?"

"어떤 종류의 대칭을 갖는 해인데, 이 대칭 덕분에 해를 수학적으로 다룰 수 있어. 이 해는 일시적으로 자기 유사성을 가져. 즉 다른 시기에 작은 규모로 자기의 구조를 반복한다는 뜻이야. 그래서 일단 실의 목 부분이 가늘어지기 시작하면 **계속 그런 식으로 진행되어** 점점 더 가늘어지다가 마침내 특이점이 생기는 거야."

"이해가 안 돼." 올리버가 말했다.

"그럴 만해. 수학적인 내용을 많이 생략했거든. 하지만 상사해라는 개념은 특이점의 형태를 설명해 줘. 상사해가 존재한다고 가정한다면 말이야. 바로 여기서 생략한 기법이 등장하게……."

"잠깐만." 디어드르가 끼어들었다. "특이점을 완벽하게 보여 주는 아주 전형적인 사진이 한 장 있다는 사실을 방금 깨달았어. 그건 물이 아니라 우유고, 아래로 떨어지는 게 아냐."

"뭐라고?"

"1942년에 발간된 다시 톰프슨(D'Arcy Thompson)의 『성장과 형태에 대해(*On Growth and Form*)』에 나오는 사진이야. 이 책의 첫째 권에는 우유가 접시에 튀는 유명한 표제 사진이 실려 있어. 왕관 모양으로 우유가 튀는 사진 말이야." 그림 47을 보기 바란다.

"아, 맞아." 올리버가 말했다. "그 사진은 매사추세츠 공과 대학의 해럴드 에저튼(Harold Edgerton)이 찍었어. 하지만 그건 내 그림과 달라."

"아냐. 그렇지 않아. 왕관의 각 '스파이크'는 관 끝에 작은 방울이 달린 모습이야. 이 관이 자꾸 가늘어지고 그 끝에 방울이 달려."

"페레그린의 논문은 이런 복잡한 일련의 현상이 **보편적**임을 분명히 지적했어." 내가 말했다. "적절한 점성을 가진 유체에서 방울이 분리될 때는 언제나 이것과 똑같은 일련의 형태가 보인다는 거지."

올리버는 자기 맥주의 점성을 검사하기로 했다. 맥주는 아주 쉽게 미끄러져 내린다. 시럽과는 전혀 다르다. "기름을 당밀로 변화시

그림 47 튀는 우유를 찍은 에저튼의 유명한 사진. 왕관의 각 '스파이크'는 그림 45에 나오는 세 번째의 '바늘과 오렌지' 그림처럼 보인다.

키는 맞춤형 박테리아를 내가 발명했던 시기에 관해 말했었나?" 올리버가 물었다. "북해의 유전을 거의 쑥대밭을 만들 뻔했는데⋯⋯."

"물론이지. 100번도 더 말했어." 디어드르가 말했다. "넌 그 당밀을 알코올로 발효시키는 맞춤형 효모를 발명해서 궁지에서 벗어났지. 그리고 북해를 맥주 양조장으로 만들어 버렸지."[5]

"오래전에 말라 버렸는데 뭐." 그가 슬프게 말했다.

"당밀에 대해 말하자면," 내가 끼어들었다. '시(Shi) 연구팀은 상사해 아이디어를 더 확장시켜, 분리되는 물방울 형태가 해당 유체의 점성에 따라 어떻게 달라지는지 연구했어. 그들은 서로 다른 여러 점성을 얻기 위해 물과 글리세롤 혼합물을 사용해 숱한 실험을 수행했

미로 속의 암소

어. 또한 컴퓨터 시뮬레이션을 실시해 상사해를 통한 이론적 접근법을 발전시켰어. 그들이 알아낸 결과는 유체의 점성이 커지면, 특이점이 생겨 물방울이 분리되기 전에 실이 **두 번째로** 가늘어지는 현상이 생긴다는 사실이야.”

“네 말 뜻은 긴 끈의 끝에 뜨개질바늘이 있고 거기에 오렌지가 달려 있다는 뭐 그런 거야?” 디어드르가 물었다.

“정확해. 그리고 이젠 그 과정의 자기 유사성 덕분에…….”

디어드르가 나보다 먼저 말을 꺼냈다. “점성이 더 높아지면, 세 번째로 가늘어지는 현상이 생긴다. 즉 긴 끈 다음에 긴 실이 있고 그 끝에 오렌지가 달려. 그리고 점성이 더 높아지면 연속적인 가늘어짐의 횟수는 무한히 늘어난다. 맞지?”

“바로 그거야. 적어도 물질의 원자 구조로 인해 생기는 한계를

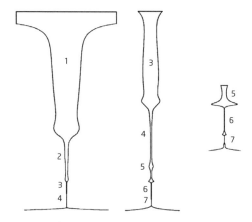

그림 48 점성 유체 방울이 연속적으로 가늘어지는 현상. X. D. 시가 계산해 알아낸 과정. 처음부터 네 번째까지의 가늘어짐(왼쪽). 아래 부분이 부풀어 세 번이나 더 가늘어진 모습(가운데). 다섯 번째, 여섯 번째 그리고 일곱 번째로 가늘어진 부분이 부푼 모습(오른쪽).

무시한다면 말이야." 그림 48을 보기 바란다.

"대단해." 올리버가 말했다.

"뭐든 당연히 그러려니 여기지 말아야 해." 내가 말했다. "이건 단순한 질문인 듯 하지만 엄청나게 놀라운 해답을 안고 있는 문제야. 하지만 누군가는 질문을 **제기**해야 해. 모두가 예상하는 것이 답이라고 짐작해 버리지 말고서."

"나도 너한테 단순한 질문이 하나 있어." 디어드르가 말했다.

"뭔데?"

"한 잔 더 하고 싶니? 이번엔 내가 살게."

올리버와 나는 디어드르를 쳐다보고 나서 다시 서로 바라보았다. "어떤 단순한 질문은 모두가 예상하는 답을 갖고 있기도 해." 우리는 이구동성으로 말했다.

---

5   내가 쓴 과학 소설 『당밀 우물(*The Treacle Well*)』, Analog 103 no. 10, Sept. 1983, 40∼58 참조.

분재 산은 테리 프래쳇(Sir Terence David John 'Terry' Pratchett)이 쓴 유머러스한 판타지 소설 『시간의 도둑(*Thief of Time*)』에 등장한다. 이 작품은 그가 디스크월드(Discworld) 시리즈의 26번째 작품으로 발표한 것인데, 이 시리즈에는 청소년판 4권을 비롯해 32권의 작품이 포함되어 있다.(프래쳇은 2015년 알츠하이머로 사망하기까지 41권의 디스크월드 시리즈를 썼으며 이언 스튜어트와 함께 쓴 『디스크월드의 과학(*The Science of Discworld*)』 시리즈를 비롯한 다양한 작품을 남겼다. — 옮긴이) 역사를 관장하는 수도승인 루체는 분재 산을 취미로 키운다. 시간이 걸리는 일이지만 이 수도승은 세상의 모든 시간을 갖고 있다. 그는 시간을 꼬았다 풀었다 할 수 있는 시간 지연자의 고대 기법을 다룰 수 있다.

방울 튀기

http://en.wikipedia.org/wiki/Harold_E._Edgerton
전형적인 '눈물방울(teardrop)' 모양이라는 관념이 얼마나 넓게 퍼져 있는지 알아보려면, 구글 이미지 검색에 이 단어를 쳐 보기 바란다.

12

심문관의
오류

가면 갈수록 수학은 법과 논쟁에 휘말리고 있다.
아니, 그들이 2차방정식을 불법화하지는 않고 있다.
유감스럽게도 DNA 증거는 확률론을 법정으로
끌어들였고 그 결과 혼란스러운 상황을 초래했다.
그렇다면 법정은 무엇을 하고 있는가?
다시 수학을 내팽개치려고 …….

수학이 법정을 습격하고 있다.

배심원들은 '합리적인 의심을 넘어설 정도로' 피의자들의 유죄를 확신한다면 피의자에게 유죄를 인정하도록 가르침을 받아 왔다. 이 가르침은 다소 정성적이다. 즉 각 배심원이 어느 정도를 합리적으로 여기느냐에 따라 달라진다는 뜻이다. 어느 미래 문명은 배심원 대신 법정 컴퓨터가 등장하는 흔한 과학 소설 시나리오를 도입해 유죄를 정량화하려고 시도할지 모른다. 컴퓨터가 증거의 신빙성을 측정해 유죄 확률을 계산해 그 확률이 충분히 1(이것은 절대적인 확실성으로서, 좀체 달성할 수 없는 이상이다.)에 가까우면 사건을 종결한다. 하지만 오늘날의 문명에는 법정 컴퓨터가 없기에 배심원들은 어찌 되었든 확률론에 매달릴 수밖에 없다. DNA 증거가 더 많이 사용되는 것도 그 이유 중 하나이다. DNA 프로파일링의 과학은 비교적 새로운 분야이므로 DNA 증거의 해석은 확률 평가에 달려 있다. 이와 비슷한 문제들이 재래식 지문 감식이 처음 도입되었을 때 생길 수도 있었다. 하지만 짐작하건데 당시의 법률가들은 그다지 치밀하지 않았다. 아무튼 지문 증거는 확률적 근거로 좀체 이의를 제기당하지 않았다. 하지만 더 많은 법률가들이 지문의 신뢰성을 반박할 근거들(타당하든 아니든)을 찾아내기 시작하자 그런 분위기는 바뀌고 있다.

1995년에 로버트 매튜스(Robert Matthews) — '앤스로포머픽 원리(Anthropomurphic Principle. anthropomurphic은 '의인화된', '의인관에 따른'이라는 뜻의 anthropomorphic에서 morphic을 murphic으로 바꾼 단어이다. murphic은 머피의 법칙과 관련된다는 의미로 보인다. — 옮긴이)'에 관한 그의 연구가 『수학 히스테리아(*Math Hysteria*)』에 실렸다. — 는 오랫동안 받아들여진 증거라도 법정 사건에서는 확률론을 이용해 **분석해야 한다**고 지적했다. 매튜스가 제기한 가장 놀라운 결론 가운데 하나는 피의자가 자백을 했더라도 유죄보다는 무죄로 보는 견해에 더 무게가 실리는 상황이 존재한다는 것이다. 그는 이 발견을 '심문관의 오류(The Interrogator's Fallacy)'라고 부른다.

스페인의 첫 종교 재판관이었던 토마스 데 토르케마다(Tomás de Torquemada)에게는 자백이 유죄의 완벽한 증거였다. 비록 그 자백이 늘 그렇듯이 협박에 의해 강제적으로 나온 것이더라도 말이다. 정말로 토르케마다는 증거를 얻기 위해 고문을 하라고 허락했는데, 짐작하건대 이로 인해 약 2000명이 강요된 자백을 바탕으로 화형에 처해졌다. 현대의 법 적용 관행에서는 협박에 의한 자백에는 대체로 회의적이다. 하지만 1990년대 중반에 영국에서도 테러리스트에 대한 유명한 일련의 유죄 판결이 있었는데, 이것은 자백 증거에 바탕을 둔 것이었다. 그 유죄 판결은 자백 내용이 진실일지 의심스럽다는 이유로 항소심에서 번복되었다. 매튜스의 아이디어는 확증적인 마땅한 증거의 뒷받침 없이는 테러 사건의 자백을 믿지 못할 일반적인 근거를 마련해 준다.

이와 관련해 필요한 중요한 수학 개념이 조건부 확률이다. 이것은 다른 사건이 이미 일어났을 때 어떤 사건이 일어날 확률을 알려 준다. 확률에 대한 인간의 직관은 아주 보잘 것 없다. 가령 우리는 근거가 어설픈 경우에도 '우연의 일치'에 지나치게 영향을 받을 수 있다. 조건부 확률에 대해서는 더욱 속수무책이다. 이런 면과 딱 들어맞는 유명한 사례를 하나 소개한다.

스미스 부부는 자신들에게 아이가 둘 있고 그중 하나는 여자라고 여러분에게 알려 준다. 나머지 한 아이는 남자인지 여자인지 말하지 않는데, 알다시피 두 가지 경우 다 가능하다. **이 정보가 주어져 있을 때** 다른 아이가 여자일 확률은 얼마일까? 여러분은 출생 시 남자아이와 여자아이가 똑같이 나올 수 있기에, 확률이 각각 1/2이고 매번 남자아이와 여자아이는 독립적으로 태어난다고 가정할지 모른다. 하지만 이런 가정은 완전히 참은 아니다. 하지만 진실에 매우 가깝고, 결론은 크게 바뀌지 않는데도 추론을 어지럽게 만드는 복잡한 과정을 피하게 해 준다.

반사적으로 떠오르는 답변은 나머지 아이는 남자이거나 여자일 가능성이 똑같기 때문에 따라서 그 아이가 여자일 확률은 1/2이라는 것이다. 하지만 성 조합의 경우의 수는 네 가지가 가능하다. 즉 BB, BG, GB, GG인데, 여기서 B와 G는 각각 '사내아이(boy)'와 '여자아이(girl)'를 나타내며 두 글자의 순서는 아이가 태어나는 순서를 나타낸다. 각 조합은 일어날 가능성이 같으므로 각각의 확률은 1/4이다. 정확히 세 경우, 즉 BG, GB, GG일 경우 가족에 여자아이가 포함되어 있다. 여기서 단 한 경우 GG에서만 다른 아이도 여자아이다. 따라서 사실은 적어도 하나가 여자아이일 때 둘 다 여자아이일 확률은 1/3이다.

한편 스미스 부부가 **첫째** 아이가 여자아이라고 알려 주었다고 하자. **둘째** 아이가 여자아이일 확률은 얼마일까? 이 상황에 맞는 성 조합은 GB와 GG 두 가지이다. 여기서 둘째 아이가 여자일 경우는 GG뿐이다. 따라서 확률은 1/2이다. 많은 사람들이 이 결론이 불합리하다고 느끼겠지만, 제시된 가정에 따라 이 계산은 옳다. 이것이 당혹스러운 까닭은 우리가 조건부 확률의 기묘한 성질을 제대로 파악하지 못했기 때문이다. 스미스 부부의 아이에 관한 두 이야기는 조건부 확률이 **맥락**을 구체적으로 정하기와 관련이 있음을 보여 준다. 맥락의 선택은 계산된 확률에 큰 영향을 미친다. 하지만 맥락은 대체로 외부로 표출되기보다는 내부에 깃들어 있기 때문에 우리는 그것에 충분한 주의를 기울이지 않아서 쉽사리 잘못을 저지를 수 있다.

1장으로 돌아가서 그림 2를 보자. 여기에는 2개의 주사위를 굴리는 36가지 방법이 나열되어 있는데 각각의 쌍은 일어날 가능성이 똑같다. 적어도 한 주사위가 6의 눈금을 보인다고 할 때, 둘 다 6일 확률은 얼마일까? 하나가 6의 눈금인 쌍은 모두 11개인데, 그중 오

그림 49 스미스 부부의 아이들과 개. 개에 가려져 있는 아이가 여자일 확률은 얼마일까?

직 한 쌍만이 둘 다 눈금이 6이다. 따라서 여기서의 조건부 확률은 1/11이다. 이제 비슷한 질문이지만, 조건이 '흰 주사위가 6의 눈금인 경우'로 바꾼 경우를 살펴보자. 이제 이 조건을 만족하는 쌍은 6개뿐이므로 조건부 확률은 1/6이 된다. 아이의 경우도 이 주사위 사례와 비슷하다.

 이러한 사안이 얼마나 미묘한지 알아보기 위해, 스미스 부인에게 아이가 둘 있지만 성별은 전혀 모른다고 가정해 보자. 어느 날 여러분이 그 아이들이 정원에 있는 모습을 보게 된다(그림 49). 잘 보이는 한 아이는 여자아이다. 다른 한 아이는 몸의 일부가 개에 가려 성별이 불확실하다. 스미스 부부의 아이들이 둘 다 여자일 확률은 얼마일까? 이 질문은 앞서 나왔던 첫 번째 상황과 똑같기에 확률이

1/3이라고 여러분은 주장할 수 있다. 아니면, 제시된 정보는 '개와 놀고 있지 않은 아이가 여자'라는 것이므로, 한 아이가 다른 아이와 다르다는 정보만을 제시한 두 번째 상황과 마찬가지여서 답이 1/2이라고 주장할 수도 있다. 개와 놀고 있는 아이가 어린 윌리엄임을 알고 있는 스미스 부부는 두 아이가 여자일 확률은 0이라고 말할 것이다. 그렇다면 누가 옳을까?

답은 맥락의 선택에 따라 달라진다. 확률은 실재의 모형에 관한 것이지 실재 그 자체에 관한 것이 아니다. 예를 들어 다음 질문들에 따라 답이 달라진다. (원칙적으로) 어느 아이나 무작위적으로 개와 노는 많은 가족들을 대상으로 무작위적으로 표본을 선택했는가? 아니면 오직 한 아이 — 언제나 동일한 아이 — 만 개와 노는 가족들을 대상으로 했는가? 아니면 확률이 일반적인 경우와는 전혀 다르게 나오는 특정한 한 가족만을 살펴보았는가?

통계 데이터의 해석에는 확률의 수학과 **더불어** 그것이 적용되는 맥락에 대한 이해가 필요하다. 오랫동안 변호사들은 수치스럽게도 배심원들이 정교한 수학 지식이 부족하다는 점을 이용해 왔다. 무죄인 사람들을 유죄로 만들거나 유죄인 사람들을 무죄로 만들기 위해서였다. 한 가지 예로서, DNA 프로파일링의 맥락에서 생긴 '검사의 오류(Prosecutor's Fallacy)'가 있다. 나는 요즘에는 법정이 이런 점을 이해한다고 말하고 싶으며 실제로 대부분이 그러하다. 하지만 자기 딸을 살해한 혐의로 잘못 유죄 판결을 받은 사무 변호사 샐리 클라크(Sally Clark)의 비극적인 사례는 아직도 그런 문제가 여전함을 보여준다. 그 사건은 1999년에 있었으며 DNA 프로파일링이나 검사의 오류와는 무관하다. 자세한 내용은 웹사이트를 보기 바란다.

미로 속의 암소

DNA 프로파일링(또는 DNA 지문이나 유전자 지문)으로 되돌아가자. 우선 배경 지식을 알아본 다음 그 오류가 무엇인지 살펴보자.

DNA 프로파일링이라는 아이디어는 1985년 영국 레스터 대학교의 알렉 제프리스(Alec Jeffreys)가 고안했는데, 인간 유전체 내의 이른바 VNTR(Variable Number of Tandem Repeat, 직렬 반복 변수) 영역과 관련되어 있다. 그러한 각 영역에서 특정한 DNA 서열이 많이 반복된다. VNTR 서열은 사람마다 큰 차이를 보이므로, 사람들의 신원을 확인할 수 있다고 널리 믿어진다. '다좌위 탐침(multi-locus probes)'에서는 분자 생물학의 표준 기법들을 사용해 2개의 시료 DNA에서 서로 다른 여러 가지 VNTR 영역들 사이에서 일치되는 부위를 찾는다. 두 시료 중 하나는 범죄와 관련된 것이고 다른 하나는 피의자에게서 얻은 것이다. 충분히 많은 일치 부위가 나타나면 두 시료 모두 동일인에게서 나왔다는 압도적인 통계적 증거가 된다.

검사의 오류는 서로 다른 두 확률을 혼동함으로써 일어난다. '일치 확률'은 '한 개인이 무죄일 때, 그의 DNA가 범죄 시료와 일치할 확률이 얼마인가?'라는 질문에 답을 해 준다. 하지만 법정에서 관심이 있는 질문은 'DNA 일치가 있을 때, 피의자가 무죄일 확률은 얼마인가?'이다. 대체로 조건부 확률은 설명의 순서가 뒤바뀌면 달라지기 때문에 두 질문에 대한 답은 아주 달라질 수 있다. 이번에도 차이의 원인은 문맥에 있다. 첫 번째 사례의 경우, 개인은 과학적 편의로 선택된 다수의 사람들, 가령 동일한 성, 크기 그리고 인종 집단 속에 개념적으로 위치해 있다. 두 번째 사례의 경우, 그들은 잘 정의되어 있지는 않지만 더 적합하고 전형적으로 소수의 사람들 — 범죄를 충분히 저지를 수도 있는 사람들 — 속에 놓여 있다.

이러한 상황에서 조건부 확률은 영국의 확률 이론가인 토마스 베이스(Thomas Bayes)가 알아낸 정리에 따라 정해진다. A와 C라는 사건에 대해 그 확률을 각각 $P(A)$와 $P(C)$라고 하자. C가 확실히 일어났을 때 A가 일어나는 확률을 $P(A|C)$로 적자. $A \& C$는 'A와 B가 모두 일어난' 사건을 나타낸다고 하자. 그러면 베이스 정리의 가장 단순한 형태는 다음과 같다.

$$P(A|C) = \frac{P(A \& C)}{P(C)}$$

이 단순한 정리는 실제로 조건부 확률의 정의이다. 하지만 더 일반적인 버전도 존재하는데 다음 사례로 그것까지 설명이 된다.

예를 들어 스미스 부부의 아이들 사례의 첫 번째 상황을 보자.

C='적어도 한 아이가 여자다.'
A='나머지 아이가 여자다.'
$P(C)=3/4$
$P(A \& C)=1/4$

왜냐하면 $A \& C$는 '두 아이 모두 여자'인 사건, 즉 GG이기 때문이다. 이제 베이스의 정리에 따르면, 둘 중 하나가 여자일 때 나머지 아이가 여자일 확률은 (1/4)/(3/4)=1/3이다. 이미 앞에서 얻은 값과 같다. 마찬가지로 두 번째 상황에서 베이스의 정리는 1/2의 값을 내놓는데, 이것도 앞에서 얻은 것과 같다.

미로 속의 암소

자백 증거에 이를 적용하려고 매튜스는 아래와 같이 정한다.

A=‘피의자가 유죄이다.’
C=‘피의자가 자백했다.’

베이스식 추론에 따라 그는 $P(A)$를 피의자가 유죄일 ‘우선 확률’, 즉 자백 **이전에** 얻어진 증거로 판단한 유죄 확률로 삼는다. A'를 사건 A 의 부정(즉 ‘피의자가 무죄이다.’)을 나타낸다고 하자. 그 후 (맨 뒤에 나오는 상자 1에 설명된 계산에 따라) 매튜스는 베이스의 정리를 이용해 다음 공식을 유도한다.

$$P(A \mid C) = \frac{p}{p+r(1-p)}$$

표현을 단순화하기 위해 대수를 썼으며, p와 r는 다음과 같다.

$$p = P(A)$$

그리고

$$r = \frac{P(C \mid A')}{P(C \mid A)}$$

이 식에서 r를 ‘자백률’이라고 한다. 여기서 $P(C \mid A')$는 무죄인 사람이

자백할 확률이고, $P(C|A)$는 유죄인 사람이 자백할 확률이다. 자백률은 무죄인 사람이 유죄인 사람보다 자백할 가능성이 더 낮다면 1보다 작은 값이고, 무죄인 사람이 유죄인 사람보다 자백할 가능성이 더 높다면 1보다 큰 값이다.

자백이 유죄의 확률을 높이게 하려면, $P(A|C)$가 $P(A)$, 즉 p보다 더 커지게 하면 된다. 따라서 다음 식이 필요하다.

$$\frac{p}{p+r(1-p)} > p$$

여기서 간단한 대수 계산으로 $r < 1$이 얻어진다. 놀랍게도 이 부등식은 다음과 같이 해석할 수 있다.

무죄인 사람이 유죄인 사람보다 자백할 가능성이 더 낮을 때에만 자백의 존재는 유죄의 확률을 높인다.

이것은 생각해 보면 실제로 타당한 듯하다. 하지만 함축하고 있는 의미는 그다지 직관적이지 않다. 때때로 자백의 존재는 유죄의 확률을 **낮출** 수도 있다. 실제로 무죄인 사람이 유죄인 사람보다 자백을 더 잘하게 되기만 하면 언제든 그런 현상이 생길 것이다. 하지만 실제로 그렇게 될 수 있을까?

테러범 사건의 경우, 이에 대한 답은 '상상하건데, 그렇다.'이다. 심리학적 연구에 따르면 남의 영향을 더 잘 받거나 더 순응적이거나 또는 단지 더 쉽게 무서움을 타는 사람이 심문을 받을 때 자백을 더

미로 속의 암소

잘 한다고 한다. 이런 설명은 강경 테러범에게는 잘 들어맞지 않는다. 심문 기법을 견뎌내도록 훈련을 받은 사람들이기 때문이다. 무죄이지만 당혹감을 잘 느끼고 극도의 언어적 위협에 약하며 훈련도 받지 않은 사람은 단지 자신들이 어쩔 수 없는 처지여서 심문을 멈추게 하려면 무슨 말이라도 해야 한다는 이유만으로도 자백을 하게 된다. 아마 영국 법정에서 유죄가 내려졌다가 나중에 번복된 사건에서도 이런 일이 벌어졌을 수 있다.

베이스의 해석은 증거의 또 다른 반직관적 특성을 드러내 준다. 가령 처음의 유죄 증거(X)에 이어서 보충적인 유죄 증거(Y)가 나왔다고 가정하자. 한 배심원은 유죄의 확률이 이제 더 높아졌다고 거의 언제나 가정한다. 하지만 유죄의 확률은 이런 식으로 보태지지 않는다. 실제로는 새로운 증거는 오직 다음 경우에만 유죄의 확률을 높인다.

> 옛 증거가 있고 이에 따라 피의자가 유죄인 상황에서 새로운 증거의 조건부 확률이
> 옛 증거가 있고 이에 따라 피의자가 무죄인 상황에서 새로운 증거의 조건부 확률을 능가한다.

기소된 사건이 자백에 의존할 때 판이한 두 가지 현상이 일어날 수 있다. 우선, X가 자백이고 Y가 그 자백의 결과 발견된 증거(예를 들면 피의자가 말한 시신의 발견)라고 하자. 이 경우, 무죄인 사람은 그러한 정보를 제공할 수 없고, 베이스의 이론에 따르면 유죄의 확률은, 우리가 예상하듯이 높아진다. 따라서 참인 자백에 **의존하는** 확증적인

증거는 유죄의 가능성을 높인다.

한편 X가 발견된 시신이고 Y가 이에 따른 자백일 수도 있다. 이 경우 시신이라는 제공된 증거는 자백에 의존하지 않기에 자백을 확증적이게 만들 수 없다. 그런데도 심문관의 오류에 비견되는 '시신 발견자의 오류(Body-finder's Fallacy)'는 존재하지 않는다. 왜냐하면 단지 시신이 발견되었다는 이유만으로 무죄인 사람이 유죄인 사람보다 자백을 더 잘 할 것이라고 주장하기는 어렵기 때문이다.

물론 모든 잠재적인 배심원들이 베이스 추론 과정을 밟고 통과해야 한다고 제안하는 것은 어리석다. 하지만 매튜스가 지적한 것과 같은 단순한 원리에 따라 판사는 분명 배심원들을 이끌 수 있을 것이다. 심문관의 오류는 이해하기 어렵지 않다. DNA 프로파일링에 적용되는 것과 똑같은 원리이지만, 심문관의 오류는 배심원들에게는 무척 직관적으로 여겨지는 상황에서 추론이 어디서 엉망이 되는지를 설명해 주며, 수학적인 내용은 그럴싸한 생화학 기술로 흐려지지 않는다. 심문관의 오류를 대충이라도 검토하면 변호사들이 DNA 증거에 관해 잘못된 주장을 하지 못하도록 훌륭하게 막아 낼 수 있다.

베이스의 정리에 의해

$$P(A \,|\, C) = \frac{P(A \,\&\, C)}{P(C)}$$

마찬가지로

$$P(C \,|\, A) = \frac{P(A \,\&\, C)}{P(A)}$$

하지만 $C \,\&\, A = A \,\&\, C$이므로 두 식을 합쳐서 다음 식이 얻어진다.

$$P(A \,|\, C) = \frac{P(C \,|\, A)P(C)}{P(A)}$$

게다가

$$P(C) = P(C \,|\, A)P(A) + P(C \,|\, A')P(A')$$

왜냐하면 A 또는 A'는 둘 다 동시에는 아니지만 하나는 반드시 일어나기 때문이다. 결국 $P(A') = 1 - P(A)$이므로 $P(A) = p$라고 하면 $P(A') = 1 - p$이다. 이 모든 식을 합치면 다음과 같은 복잡한 식이 생긴다.

$$P(A|C) = \frac{P(A)}{P(A) + \dfrac{P(C|A')}{P(C|A)} P(A')}$$

$P(A)$를 p로 바꾸고 $P(C|A)/P(C|A')$를 r로 바꾸어 단순화시키면,

$$P(A|C) = \frac{p}{p + r(1-p)}$$

앞에 나온 식과 같아진다.

미로 속의 암소

나는 심문관의 오류에 관한 편지를 많이 받았다. 하지만 안타깝게도 대부분은 조건부 확률을 고려할 때 잘못을 저지르기 쉽다는 내 주장을 확인해 주는 것들뿐이었다. 대부분의 독자들은 자백과 관련된 확률이라는 요점에 주목하지 않고 아이의 성별에 관한 예제에 주목했다. 그래서 확률론 교과서와 퍼즐 책 두 군데서 표준으로 자리 잡고 있는, 앞서 나왔던 문제를 다시 살펴보겠다. 여러분도 이 두 군데서 내가 했던 것과 똑같은 계산을 만나게 될 것이다. 우리는 스미스 가족에게 아이가 정확히 둘 있으며, 둘 중 하나(또는 그 이상)가 여자아이라고 들었다. 두 아이 모두 여자아이일 확률은 얼마일까? 우리는 남자아이와 여자아이가 나올 가능성이 같다고 가정하지만 실제로는 전혀 그렇지 않다.

주장의 핵심은 출생의 순서를 고려함으로써 아이를 나누는 방법이었다. 두 아이로 구성된 가족에는 BB, BG, GB, GG의 네 가지 유형이 있다. 앞서 말했듯이 각각의 가능성은 동일하다. 적어도 하나는 G라는 정보에 따라 첫 번째가 제외되어 BG, GB, GG가 남는다. 이 가운데 하나만 두 아이 모두 여자아이이다. 따라서 둘 다 여자아이일 확률은 1/3이다. 한편, 만약 '첫째 아이가 여자'라고 들었다면 둘 모두 여자아이일 조건부 확률은 1/2이 된다. 상당수의 독자들은 이 결론을 두고서 논란을 벌였다. BG와 GB를 구별하지 않아야 한다고 말하는 이들도 있었다. B/G와 G/G의 두 가지 경우가 있고 둘 다 가능성이 동일하다는 것이었다. 이런 주장은 1장에서 라이프니츠가 주사위 2개로 두 눈금 모두 6을 얻을 확률에 관해 저지른 실수와 본질적으로 같은 것이다. 이론적으로 주장하지 말고, 직접 실험을 해 보면 어떨까? 동전 2개를 던져 앞면 2개, 뒷면 2개, 또는 각각 하나씩 나오는 횟수의 비율을 세어 보자. 동전은 성별과 마찬가지 확률이다(각각 1/2). 이제 BG를 GB와 구별하지 않아야 한다는 여러분의 말이 옳다면, 두 가지 경우 모두 전체 횟수의 약 3분의 1의 비율로 일어나야 한다. 좋다. 직접 가서 100번을 던져 보기 바란다. 내 말이 옳다면 둘 다 앞면의 횟수가 약 25번, 둘 다 뒷면의 횟수가 25번 그리고 앞과 뒤가 함께 나오는 횟수가 50번이어야 한다. 만약 여러분이 옳다면, 각각 약 33번의 횟수이어야 한다.

만약 여러분이 나처럼 게으르다면 난수 발생 프로그램이 있는 컴퓨터로 동전 던지기를 시뮬레이션할 수 있다. 내가 시뮬레이션으로 100만 번 던졌더니 다음 결과가 나왔다.

둘 다 앞면: 250025
둘 다 뒷면: 250719
앞뒷면 함께: 499256

하지만 내 말을 그냥 믿지 말고 직접 해 보기 바란다.

그 다음 제기된 주된 주장은 한 아이가 G인지 우리가 알든 말든 다른 아이가 B 또는 G일 가능성은 동일하다는 것이었다. 흥미로운 주장으로서, 왜 이 주장이 틀렸는지를 알아보면 좋은 교훈을 얻을 수 있다. 기본적으로 두 아이 모두 여자아이라고 할 때에는 '순서'라는 고유한 개념이 들어 있지 않다. '첫째 아이'처럼 어느 아이에 대해 생각하고 있는지를 특정할 때에만 '순서'라는 고유한 개념이 적용된다. 이로써 두 사례는 전혀 달라진다. 이로써 B와 G 사이에 가정적으로 존재하던 대칭이 깨어지면서 조건부 확률이 달라진다.

실제로 생각해 보면, '첫째 아이가 여자아이'라는 말은 '적어도 한 아이가 여자아이'라는 말보다 더 많은 정보를 알려 준다. (첫 번째 말은 두 번째 말을 내포하고 있지만 두 번째 말은 첫 번째 말을 내포하고 있지 않다.) 따라서 이와 관련된 조건부 확률이 달라지는 것은 너무나 당연하다.

또한 법조계에서 벌어진 일 한 가지를 알려 주고 싶다. 내가 이 주제에 관한 첫 칼럼을 쓴 이후 일어난 일이었다. 법률 직종이 끔찍하리만큼 수리에 어둡고 배심원들은 훨씬 더 수리에 어둡다는 점을 알게 해 주는 일이기도 하다. 영국에서 아주 유명한 강간 사건에서 전문가 증인으로 나선 한 통계학자는 베이스의 정리를 배심원에게 비전문적인 용어로 설명했고 피의자는 유죄로 밝혀졌다. 피고측 변호사는 베이스의 정리를 사용하고 싶지 않았던 배심원들에게 다른 대안이 주어지지 않았다는 이유로 항소했다. 항소는 기각되었지만, 항소심 법원의 판사들은 베이스의 정리 또는 이와 유사한 어떤 것을 형사 소송에 도입하면 '배심원들을 부적절하고 불필요한 이론과 복잡성의 영역에 빠뜨려 그들에게 적합한 임무로부터 벗어나게 한다'는 견해를 공식적으로 발표했다. 또 한 번의 항소도 기각되자 베이스 정리의 법적 지위는 불확정적인 상태로 남게 되었다.

판사들이 복잡한 수학으로 인해 헷갈릴 수 있다는 말은 옳다. 그러나 그런 잘못된 결정으로 인해 헷갈리는 상황이 멈추지 않게 되었다. 그리고 때때로 세간의 관심을 끄는 사건들은 여전히 확률론을 잘못 적용하고 있다. 이제 판사들은 그런 이론의 오용을 알아차릴 수 있게 해 주는 전적으로 합리적인 수학 원리를 박탈당한 상태이다. 보통 사람들에게는 너무나 어려운 원리라는 이유에서 말이다.

DNA 프로파일링

http://en.wikpedia.org/wiki/Genetic_fingerprinting

http://en.wikpedia.org/wiki/Prosecutor%27s_fallacy

샐리 클라크 사건

http://www.sallyclark.org.uk/

http://en.wikpedia.org/wiki/Sally_Clark

13

미로 속의
암소들

드디어, 암소! 하지만 암소를 찾으려면 미로를
풀어야 한다. 흔히 있는 유형의 미로가 아니라
울타리와 막다른 길 등이 있는 논리 미로이다.
연필 두 자루가 필요하며, 미로 속의 길은 어느
연필을 고르느냐에 따라 달라진다. 한 가지
귀띔을 해 주면 암소는 맨 끝에 있다.

미로는 취미 수학에 자주 등장한다. 하지만 뜻밖에도 진지한 수학에
서도 흔히 나타난다. 왜냐하면 수학적 탐구를 하려면 결과적으로 명
제의 논리적 미로를 따라 해답에 이르는 길을 찾아야 하고, 한 명제
에서 다음 명제로 이어진 길이 유효한 논리적 추론이어야 하기 때문
이다. '암소는 어디에 있는가?'라는 제목의 새로운 유형의 미로는 플
로리다 주 쥬피터의 로버트 애벗(Robert Abbott)이 고안한 것으로 기
하학적 미로이면서 동시에 논리적 미로이다. 이 미로는 그의 책『초
(超)미로(*Supermaze*)』에 나온다.

《사이언티픽 아메리칸》의 「수학 게임」 칼럼의 오랜 마니아라면 애벗을 엘레우시스라는 카드 게임의 발명자로 기억할 것이다. 이 게임은 가드너에 의해 1959년과 1977년에 다시 논의되었다. 이 게임의 매력은 논리적 비틀기에서 나온다. 즉 게임의 목적(한 사람만 제외한 모든 참가자들을 위한)은 규칙에 따라 게임을 진행하는 것이 아니라 규칙이 무엇인지를 추측하는 것이다. 다른 참가자들이 할 일은 규칙을 만드는 것이다. 애벗의 '암소' 미로 또한 논리적 비틀기, 곧 자기 참조의 논리적 비틀기에 바탕을 두고 있다. 자기 참조적 명제는 논리학자와 철학자에게는 골칫덩어리이다. 예를 들어 모든 크레타 인들은 거짓말쟁이라고 선언한 크레타 인인 에피메니데스의 역설적인 진실은 이런 결론으로 귀결된다.

이 명제는 거짓이다.

그렇다면 그의 말은 거짓인가 거짓이 아닌가? 어떤 쪽이든 곤란에 빠지고 만다. 또한 다음과 같이 **상호** 참조적인 명제도 있다.

다음 명제는 참이다.

이전 명제는 거짓이다.

이것은 논리의 지뢰밭이다.

한 탈출 방법은 명제의 진리를 하나의 연속적인 눈금 상에서 미끄러지게 해 절반은 진리이고 10분의 3은 거짓이게 하는 것이다. 또 다른 방법은 명제의 진리가 역동적으로 변하게 허용하는 것이다. 1993년 2월의 「수학 레크리에이션」 칼럼에서 나는 개리 마(Garry mar)와 패트릭 그림(Patrick Grim)의 연구를 소개했다. 이들은 역동적인 접근법이 논리적 프랙털과 카오스로 이어짐을 발견했다. 하지만 또 다른 접근법은 단지 자기 참조의 경이로움 속으로 빠져들기만 하면 되는데, 바로 그 방법을 이 책에서 살펴본다.

애벗이 적고 있듯이, "분명 자기 참조는 논리학자에게는 중요한 연구 분야이다. 하지만 정말로 중요한(글쎄, 내 관점에서 정말로 중요한) 질문은 이것이다. 자기 참조가 미로를 더 혼란스럽게 만드는 데 이용될 수 있을까? 답은 나로서는 다행이게도 '그렇다.'이다."

'암소들은 어디 있는가?'라는 제목의 미로가 그림 50a와 50b에 나와 있다. 두 페이지에 걸쳐 그린 이유는 한 페이지에 넣기에 너무 큰 그림이기 때문이다. 설명글이 자기 참조적일 뿐만 아니라 미로의 규칙도 여러분이 어떻게 움직이느냐에 따라 달라진다. 상자 속의 글들은 세 가지 종류가 있다. 일반 글씨체와 굵은 글씨체 그리고 이탤릭체가 있다. (처음 이 미로가 실린 책에는 이 글씨체들이 검정, 빨강 그리고 초록색으로 되어 있지만, 이 책에서는 색을 쓸 수가 없어서 모든 내용을 색에 따라 세 가지 글씨체로 바꾸었다. 그래도 미로의 기본 구조에는 영향을 미치지 않는다.) 이 글씨체는 중요하다. 가령 상자 1과 2에서 그렇다.

이 미로를 따라가기 위해서는 양손이 필요하며, 당신이 어디 있는지를 알려 줄 연필이나 다른 지시봉을 각 손에 쥐고 있으면 도움이 된다. 또는 계수기 2개를 상자 위에 놓고 사용해도 좋다.

시작할 때 한 연필은 상자 1을 그리고 다른 연필은 상자 7을 가리킨다. 상자의 숫자는 엄격하게 순차적이지는 않다. 의도적으로 그렇게 한 것이다. 당신의 목적은 일련의 움직임을 통해 적어도 한 연필이 암소 그림이 들어 있는 상자를 가리키도록 하는 것이다. 이 상자를 앞으로는 COW라고 부르겠다. 애벗은 이 상자를 목적지라고 불렀으며 상자 50외에는 암소들을 넣어 두지 않았다. 하지만 상자 50에 있는 이 여분의 암소는 계속 미로 속으로 들어가려고 한다. 하

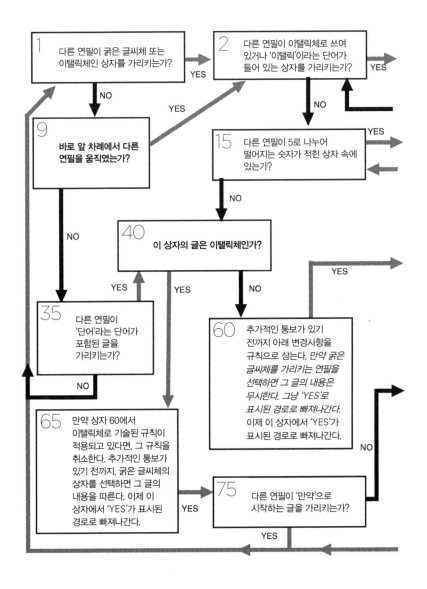

그림 50a 암소는 어디 있는가? 상자 1과 상자 7 속의 연필에서 시작해, 상자 하나를 고르고 해당 규칙을 따른다. 이것을 반복하면서 'COW'를 가리키는 연필을 선택한다.

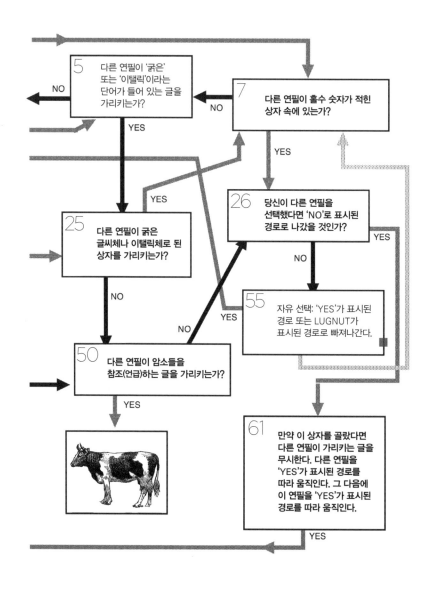

5 다른 연필이 '굵은' 또는 '이탤릭'이라는 단어가 들어 있는 글을 가리키는가?

NO

YES

7 다른 연필이 홀수 숫자가 적힌 상자 속에 있는가?

NO

YES

25 다른 연필이 굵은 글씨체나 이탤릭체로 된 상자를 가리키는가?

YES

NO

26 당신이 다른 연필을 선택했다면 'NO'로 표시된 경로로 나갔을 것인가?

YES

NO

55 자유 선택: 'YES'가 표시된 경로 또는 LUGNUT가 표시된 경로로 빠져나간다.

YES

NO

50 다른 연필이 암소들을 참조(언급)하는 글을 가리키는가?

YES

61 만약 이 상자를 골랐다면 다른 연필이 가리키는 글을 무시한다. 다른 연필을 'YES'가 표시된 경로를 따라 움직인다. 그 다음에 이 연필을 'YES'가 표시된 경로를 따라 움직인다.

YES

그림 50b (계속) 암소는 어디 있는가?

지만 그래도 무방하다.

한 번 움직이려면, **우선** 두 연필 중 하나를 고르고, **이어서** 연필이 가리키는 상자의 지시를 따른다. 이렇게 하면 된다. 다른 선택을 할 필요가 없다. 다만 상자 55에 든 지시를 따를 때는 예외이다. 다시 한 번 말한다. **연필을 선택하기 전까지는 상자의 지시를 따르지 말기 바란다.** 이번 장의 '피드백'에 이 점을 잊을 때 어떤 일이 생길 수 있는지 설명해 놓았다.

예를 들어 시작 위치에서 당신이 상자 7을 가리키는 연필을 골랐다고 하자. 이 상자는 이렇게 묻는다. "다른 연필이 홀수 숫자가 적힌 상자 속에 있는가?"(여기서 '상자 속에'란 '상자를 가리키고'의 뜻이다.) 이제 다른 연필이 상자 1을 가리킨다면, 1이 홀수이므로 답은 'yes'이다. 따라서 상자 7을 가리키는 연필을 'YES'라고 적힌 경로를 따라 움직여야 하며, 그 결과 상자 26에 이른다. 이렇게 움직이는 동안, 상자 1을 가리키는 다른 연필은 가만히 있는다.

쉬운가? 잠시 기다리자. 당신의 다음 선택이 상자 26을 가리키는 연필이라고 하자. "당신이 다른 연필을 선택했다면 'NO'로 표시된 경로로 나갔을 것인가?" 흠. 다른 연필은 상자 1을 가리키고 있었다(지금도 가리키고 있다.). **만약** 그것을 선택했더라면, 질문은 다음 내용이었을 것이다. "다른 연필이 굵은 글씨체 또는 이탤릭체인 상자를 가리키는가?" '다른 연필'이란 여전히 상자 7을 가리키고 있는 연필을 말한다. 상자 7은 굵은 글씨체이다. 따라서 이 질문의 답은 'yes'이다. 그래서 연필은 YES 경로를 따라 빠져나갔을 것이다. 결국 상자 26의 질문에 대한 답은 'no, 즉 NO 경로를 따라 빠져나가지 **못했을** 것이다.'이다. 그래서 상자 26의 연필은 NO 출구를 따라가 결국 상

미로 속의 암소

자 55를 가리키게 된다.

휴.

대부분의 상자들에 질문이 들어 있는데, 당신의 출구 경로는 그 답에 따라 달라진다. 하지만 어떤 상자들은 다르게 작동한다. 상자 61은 두 연필을 모두 움직이라고 지시하는데, 이 '움직임'은 당신이 그렇게 하기 전까지는 완료되지 않는다. 상자 55에는 일반적인 'no' 대신에 'LUGNUT'라고 적힌 출구가 있다. 이렇게 하면 다른 경우와 달라진다. 예를 들어 당신의 연필이 26과 55를 가리키고 26에서 한 연필을 움직이길 선택했다면 말이다.

정말로 극단적인 상자는 60과 65로 이들은 미로를 따라가는 규칙을 바꾼다. 상자 60은 굵은 글씨로 된 기존 상자에 대한 일반적인 규칙을 중단시키고 대신 '언제나 YES로 빠져나가라.'라는 규칙으로 대체한다. 나는 이것을 '규칙 60'이라고 부르겠다. 상자 65는 규칙 60을 번복해 원래의 규칙으로 되돌린다. 이런 변화는 오로지 해당 상자를 선택할 **때에만** 효과가 있다. 연필이 이들 상자 중 하나를 가리킨다고 해서 적용되지 않는다. 특히 한 연필이 상자 60을 가리키고 다른 연필이 상자 65를 가리키게 할 수 있다. 각 상자는 다른 상자를 무시해도 된다고 알려 준다. 그렇다고 해서 자기 참조 문제가 생기지는 않는다. 왜냐하면 어느 것을 따를지 선택하면 되기 때문이다. 둘 다 한꺼번에 따르지는 않는다.

어떤 지시는 논리를 얼마나 철저하게 따지느냐에 따라 애매해 보일 수도 있다. 상자 5는 다른 연필이 '굵은' 또는 '이탤릭'이라는 단어가 포함된 상자를 가리키는지의 여부를 묻는다. 예를 들어 다른 연필이 상자 1을 가리킨다면, 답은 분명 'yes'이다. 그리고 상자 15를 가리킨다면 답은 'no'이다. 하지만 상자 5를 가리킨다면 어떻게 될까? '굵은'이라는 단어의 앞뒤에 붙은 인용 부호를 무시하고 **굵은**이라는 글자만 찾으면 되는 걸까? 아니면 인용 부호가 포함된 **'굵은'**이라는 단어를 찾아야 하는 걸까? 미로를 풀려면 따라야 하는 애벗의 해석에 따르면 인용 부호는 신경쓰지 않아도 된다고 한다. 따라서 두 연필이 모두 상자 5 속에 있을 때는 답이 'yes'이다.

상자 50은 다른 연필이 암소들에 대해 언급하는 글을 가리키는지 묻는다. 정당한 질문이다. 단지 '암소들'이라는 단어가 다른 어느 상자에도 나타나지 않는 것만 빼면 말이다. 하지만 물론 두 연필 모두 상자 50을 가리킬 수도 있는데, 이 경우 답은 'yes'이다. 그러면 COW로 빠져나갈 수 있다. 상자 50이 이런 식으로 암소들에 대해 언급하는 것이 아니라고 주장하고 싶지 않다면 말이다. 이러한 언급은 암소에 대한 **참조**를 참조하는 것이어서 꽤 다른 문제이다. 만약 당신이 그렇게 생각한다면 끝내 미로를 풀지 못하므로 이런 식의 철학적인 꼬투리 잡기는 피해야 한다.

한편 (내가 추가한) COW 그림은 암소들을 언급하는 **글**이 아니다. 하지만 당신의 연필이 COW를 가리키면 어쨌든 미로를 끝내게 되므로 이 문제는 더 이상 신경 쓸 것이 없다.

지금쯤이면 미로를 풀 유일한 방법은 두 연필 모두 상자 50을 가리키도록 배열하는 것임을 여러분도 확신하게 되었으리라. 규칙을 바꾸는 상자 60이 없다면 옳은 말이다. 상자 60의 규칙이 적용되고 있을 때 연필 하나가 상자 50을 가리키게 했다면, 미로는 해결되고 만다. 사실은 상자 50에서 YES 경로를 따라 합법적으로 빠져나갈 수 있는 **다른** 한 방법이 있다. 찾을 수 있겠는가?

일어날 수 있는 가장 괴상한 상황은 두 연필이 모두 상자 26을 가리키는 것이다. 이제 질문은 정말로 자기 참조적이 되어, 대답할 분명한 방법이 없다. 그러면 이 경우에는 어떻게 될까? 교묘하게도 애벗은 이 미로를 제작할 때 두 연필이 모두 상자 26을 가리킬 때는 언제든 규칙 60이 적용되도록, 그래서 상자 26의 글이 무시되도록 했다. 두 연필 모두 상자 61을 가리킬 때도 마찬가지이다.

이제 당신이 해야 할 일은 더 이상 도움을 받지 않고 직접 한 수를 두는 것이다. 너무 무모하게 여겨지면 이 장의 끝에 힌트가 있고 이어서 완벽한 해답이 나온다. 또한 규칙을 해석할 때 흔히 생기는 실수를 경고해 주는 「피드백」도 읽어 보기 바란다.

지금 당장 여러분이 힌트를 우발적으로 읽지 못하게 하기 위해, 이런 질문을 내겠다. "이것이 정말로 미로일까? 그렇다면 어떤 의미에서 그럴까?"

전통적으로 미로는 **고정된** 경로들로 이루어진 네트워크로, 주목나무 덤불을 심고 알맞은 형태로 잘라서 만들거나 종이 위에 그려서 만든다. 게다가 보통 둘이 아니라 하나의 물체를 미로를 통해 움직이는 것으로 알려져 있다. 이런 제한에 따라 미로를 푸는 데 사용될 수 있는 일반적인 수학적 방법이 존재하는데, 특히 주목할 만한 것이 '깊이 우선 탐색'이다. 이 방법은 가능한 한 새로운 영역을 탐색하려고 한다. 이것이 어떻게 작동하는지 이해하려면 우선 미로에서 서로 다른 경로 중에서 선택을 하게 되는 임의의 지점, 즉 여러 경로들이 만나는 지점을 '마디(node)'로 정의한다. 깊이 우선˚탐색의 과정은 다음과 같다.

1. 출발 마디에서 시작한다.

2. 가능하다면, 아직 들르지 않은 임의의 이웃 마디에 들른다. 그리고 더 이상 들를 이웃 마디가 없을 때까지 계속 그렇게 한다.

3. 더 이상 들를 이웃 마디가 없을 경우, 들르지 않은 마디에 이웃한 첫 번째 마디를 찾을 때까지 이전 경로를 따라 되돌아온다. 그 첫 번째 마디를 찾으면 그곳에 들른다. 그리고 단계 2로 되돌아간다.

4. 어떤 경로를 따라 되돌아왔다면, 그 경로는 다시 이용하지 않는다.

계속 이렇게 하면 분명 목적지를 포함해 미로의 모든 부분을 들르게 된다. 목적지가 출발점으로부터 어떤 경로로도 이어져 있지 않은 엉터리 미로가 아니라면 말이다.

언뜻 보기에도 이 방법은 '암소' 미로에 적용되지 않는다. 왜냐하면 '암소' 미로는 규칙이 바뀌므로 이용 가능한 경로가 바뀌고 아울러 어느 연필을 움직일지 선택을 하기 때문이다. 하지만 이런 판단은 조금은 피상적이다. 왜냐하면 '암소' 미로는 표준형 미로의 좀 더 복잡한 유형과 본질적으로 동일하기 때문이다. 우선, 상자 60과 65에서 규칙 변경을 중단하자. 나중에 이것을 어떻게 다룰지 설명하겠다. 먼저, 서로 다른 '위치', 즉 연필이 가리키는 수의 **쌍**을 모두 나열하자. COW도 수라고 여기자. 가령 (1, 7)은 한 연필이 상자 1을 가리키고 다른 연필이 상자 7을 가리킬 때의 위치를 나타낸다. (7, 1)도 똑같은 상태를 나타낸다. 어느 연필인지를 구별하지 않아도 되기 때문이다. 이 숫자 쌍들은 새로운 미로의 마디를 형성한다. 그 다음으로, 가능한 합법적인 움직임(예를 들어 (1, 7)에서 (1, 26)이나 (2, 7)로는 갈 수 있지만 이외의 다른 곳은 갈 수 없음)을 모두 나열한다. 이 움직임들은 마디들을 서로 연결하는 경로를 형성한다. 이제 재래식 미로가 구성되었으며, 이 미로의 해법이 '암소' 미로의 해법으로 번역된다. 한 가지 흥미로운 특징이 있다. 미로를 빠져나오는 '출구'는 이제 (COW, ?) 또는 (?, COW) 형태의 마디이다. 왜냐하면 오직 '암소가 어디 있는가?' 미로를 풀려면 오직 한 연필이 COW에 다다라야 하기 때문이다.

상자 60과 65에서의 규칙 변경은 둘 다 규칙 60에 의해 제어된다. 이 문제를 다루기 위해, 규칙 60이 적용되고 있는 위치들에 별표를 붙인다. 따라서 (1, 7)은 한 연필이 상자 1을 가리키고 다른 연필이 상자 7을 가리키면서 규칙 60이 적용되고 있지 않다는 뜻이다. 반면에 (40, 50)*은 한 연필이 상자 40을 가리키고 다른 연필이 상자 50을 가리키면서 규칙 60이 적용되고 있다는 뜻이다. 이번에도 여러분이 해야 할 것이라고는 별표가 적힌 쌍 그리고 별표가 적히지 않은 쌍을 모두 나열해, 합법적인 움직임을 알아내고 그 결과를 미로의 마디들과 그들 사이의 경로로 해석하는 일뿐이다. 이제 규칙 60이 적용되고 있다면 미로를 변경하지 말고 단지 마디에 별표가 있는 부분으로 움직여 나가면 된다. 만약 억지로라도 '암소' 미로를 풀고 싶다면, 이 모든 정보를 컴퓨터에 집어넣은 다음 깊이 우선 탐색을 실행하자. 그러면 답이 뜰 것이다.

이런 식의 억지에 의존하지 않고 싶다면 어떻게 해야 할까? 여러 가지 전략이 있다. 하나는 미로의 핵심적인 특징을 찾는 것이다. 예를 들어 COW에 다다르려면 반드시 한 연필이 상자 50을 가리키도록 하고 올바른 출구가 YES가 되도록 해야 한다. 앞에서 설명했듯이, 이렇게 하는 방법은 세 가지이다. 상자 40에는 오직 하나의 출구만 있다. 즉 규칙 60이 적용된다면 YES 출구이고 적용되지 않는다면 NO 출구 한곳뿐이다. 또 하나의 방법은 원하는 위치에서 뒤쪽으로 따라가 보면서 어떻게 해야 원하는 위치에 도달할 수 있을지 알아보는 것이다. 그리고 미로 속의 부분적인 경로들을 충분히 많이 합쳐보면 그 경로들을 전체적인 하나의 경로로 파악할 수 있을지 모른다.

미로 속의 암소

이 모든 내용을 다 시도해도 여전히 미로 안에 갇혀 있다면 여기 몇 가지 힌트가 있다.

- COW에 도착하려면, 반드시 두 연필 모두 상자 50을 가리키는 (50, 50) 위치에 이르러야 하고 규칙 60이 적용되지 않아야 한다. 미로를 끝낼 다른 두 잠정적인 방법은 현실적으로 실현할 수가 없다.
- (50, 50)에 가려면, 우선 반드시 (35, 35)에 가야 한다. 그러면 COW까지 18단계가 남아 있다.
- (35, 35)에 가려면 (61, 75)에 가야하고 연필이 상자 61을 가리키도록 움직여야 한다. 그러면 두 연필 모두 상자 1을 가리키게 움직일 수 있다. 거기서부터는 (35, 35)에 가기 쉽다.
- (1, 7)에서 (61, 75)로 가는 방법은 많다. 이렇게 하려면 전부 상자 60의 규칙을 활성화시켜야 하고, 이어서 그 규칙을 상자 65에서 취소해야 한다.

해답

각 쌍에서, 밑줄 친 수는 여러분이 움직이기로 선택한 연필이다. 별표는 규칙 60이 적용됨을 나타낸다.

(1, 7) (1, 26) (2, 26) (15, 26) (26, 40) (26, 60) (55, 60) (25, 55)* (7, 55)* (26, 55)* (55, 61)* (15, 61)* (40, 61)* (61, 65)* (61, 75) (1, 1) (1, 9) (1, 35) (9, 35) (35, 35) (35, 40) (35, 60) (25, 35)* (7, 35)* (26, 35)* (35, 61)* (1, 35)* (9, 35)* (2, 35)* (15, 35)* (5, 35)* (5, 40)* (25, 40)* (25, 65)* (25, 75) (50, 75) (50, 50) COW

(61, 75)까지의 부분에는 14번의 움직임이 드는데, 애벗은 이것이 최소라고 추정한다. (증명을 알고 있는 사람이 있는가?) 여러 가지 다른 대안도 가능하다. 나머지 부분은 유일하게 가능한 해법인데, 다만 (5, 65)*가 (25, 40)*으로 대체되어도 된다는 것만 예외이다.

피드백

'미로 속의 암소'는 상당한 즐거움과 자극의 원천이었다. 독자들의 피드백을 받아보니 더 짧은 답이 있다, 더 나은 답이 있다, 내(즉 애벗의) 답에는 오류가 있다 등등의 주장이 쏟아져서, 나는 여러 번 당혹감을 감출 수 없었다. 어떤 해법도 규칙 60이 적용되지 않으면서 상자 (50, 50)에 도달하는 과정이 포함되어야 한다는 내 주장이 틀렸다고 주장하는 독자도 여러 명이었다. 하지만 그 독자들이 시도한 해법을 살펴보니 모든 것에 오류가 있었다.

칼럼에서 사용했던 표기대로, 밑줄은 어느 연필을 움직이는지를 가리키며 별표는 규칙 60이 적용된다는 뜻이다. 한 독자의 시도는 이렇게 시작되었다. (1, 7) (1, 26) (1, 55) (1, 15) (9, 15) (35, 15) (35, 40)… 하지만 위치 (35, 15)에서 움직일 때 상자 15 속의 지시는 이렇다. '다른 연필이 5로 나누어떨어지는 숫자가 적힌 상자 속에 있는가?' 여기서 답은 'yes'이다. 그러면 (35, 40)이 아니라 (35, 5)로 가게 된다.

다음과 같이 주장된 해법에는 더 흥미로운 오류가 있었다. (1, 7) (2, 7) (15, 7) (15, 26) (15, 61) (40, 61) (60, 61) (25, 61)* (7, 61)* (26, 61)* (61, 61)* (1, 61)* (2, 61)* (15, 61)* (40, 61)* (65, 61)* (75, 1) (50, 1) COW. 이 해법을 제안한 사람은 (65, 61)*에서 (75, 1)로 움직인다고 해서 '규칙 60이 취소되지 않는다.'라고 주장했다. 이것은 분명 잘못 이해한 결과이다.

(65, 61)*에 도착해서 61 상자의 연필을 움직이기로 선택하면, 규칙 60이 적용되므로 상자 61에 든 굵은 글씨의 모든 내용을 무시해야만 한다. 그러면 (65, 1)로 가게 된다. 규칙 60에 따라 선택된 연필에 대해 'yes' 출구를 이용해야 하기 때문이다. (75, 1)로 가려면 상자 61의 굵은 글씨체로 된 두 연필을 모두 움직이라는 지시를 따라야 한다. 하지만 규칙 60이 적용되고 있을 때는 그럴 수 없다.

상자 60의 규칙이 적용될 때에 관해 혼란을 느낀 나머지 많은 실수가 벌어졌다. 다른 모든 지시와 마찬가지로 그 규칙은 현재 그 상자를 가리키고 있는 연필을 움직이려고 선택했을 때 효과를 발휘한다. 연필 중 하나가 상자 60에 도착하자마자 효력이 생기는 것이 아니다. 왜냐하면 다음 움직임을 위해 그 연필을 선택하지 않을 수도 있기 때문이다. 애벗의 해법에는 규칙 60이 적용되지 않을 때 (26, 60)에서 (55, 60)으로 움직이는 수가 포함되어 있다. 연필 26이 선택되기 때문에 상자 60의 규칙은 이 순간에는 활성화되지 않는다. 편지를 보내온 독자는 상자 60에 '이제'라는 단어가 포함되어 있다는 이유로 이 내용에 반대했다. 하지만 이 용어는 상대적이다. 이 말은 일단 상자 60 안의 연필을 움직이기로 선택한 다음에 여러분이 하는 행동을 가리킬 뿐, 그런 선택을 하기 전까지는 적용되지 않는다.

일반적인 내용

http://en.wikipedia.org/wiki/Maze

로버트 애벗의 웹사이트

http://www.logicmazes.com/super.html

논리 미로

http://www.logicmazes.com/

온라인 미로 퍼즐

http://www.clickmazes.com/

미로의 역사

http://gwydir.demon.co.uk/jo/maze/

14

기사의 여행

이것은 적어도 1200년 전부터 내려오는 퍼즐이다.
판 위에서 체스 기사가 모든 칸을 지나가게 움직이는
게임이다. 이 게임에 관해 수학적으로 온갖 골치 아픈
연구가 이루어졌지만, 아직도 이해하지 못한
것들이 많다. 심지어 직사각형 판에도 몇 가지
수수께끼가 깃들어 있다. 하지만 큰 의문들 중
몇 가지가 최근에 풀렸다.

오랫동안 사람들이 즐겨 하는 취미 수학에 '기사의 여행'이 있다. 이
게임에서 체스 기사는 모든 칸을 단 한 번만 지나면서 다양한 형태
와 크기의 판을 가로 질러야 한다. 기사가 두 번 이상 움직여 출발
한 칸으로 돌아갈 수 있으면 이 여행은 닫혀 있다고 한다. (기사는 판
의 측면과 평행하게 두 칸을 움직인 다음 직각으로 방향을 틀어 한 칸을 더 움
직인다는 점을 기억하자.) 그림 51은 체스 판 위의 고전적인 기사의 여행
가운데 하나로서, 1800년 이전의 어느 시점에 아브라함 드 무아브르
(Abraham de Moivere)가 발견했다. 이것은 닫혀 있지 않다. 하지만 닫힌

여행이 되는 데는 체스 판이 8×8의 격자이면 충분하다. 곧이어 다른 형태들도 조사되었다.

기사의 여행은 긴 역사를 갖고 있다. 9세기의 시인 루드라타 (Rudrata)가 쓴 「카바얄란카라(Kavayalankara)」라는 산스크리트 어 시에, 4×8판(체스 판의 절반) 위에 음정 강세의 연속 패턴 형태로 기사의 여행이 적혀 있다. 명시적인 기하학 문제로 등장한 것은 1700년경 영국의 수학자인 브룩 테일러(Brook Taylor)가 시초이다. 그는 보통의 8×8 체스 판에서 이 문제를 제기했다. 몽모르(Montmort)와 드 무아브르가 테일러에게 알려 준 것이 이 문제에 대한 첫 해답인데, 이 것은 자크 오자낭(Jacques Ozanam)의 『수학 및 물리학 레크리에이션 (*Récréations Mathématiques et Physiques*)』의 1803년 판에 등장했다. 기사의 여행을 찾는 체계적 방법은 1823년 H. C. 바른스도르프(H. C. Warnsdorff)가 처음 발표했다. 그 후 이 문제는 다른 형태의 판, 3차원 '판' 그리고 심지어 무한한 판으로까지 확장되었다.

기사의 여행에 관한 문헌은 많지만 흩어져 있다. 이러한 문헌으로는 듀드니가 쓴 『수학의 즐거움』, 월터 윌리엄 루스 볼(Walter William Rouse Ball)과 해럴드 스콧 맥도널드 '도널드' 콕스터(Harold Scott MacDonald 'Donald' Coxeter)가 쓴 『수학 레크리에이션과 에세이 (*Mathematical Recreation and Essays*)』, 모리스 크레쉬크(Maurice Kraitchik) 가 쓴 『수학 레크리에이션스(*Mathematical Recreations*)』 등과 같은 고전이 있다. 하지만 1991년에 앨런 쉥크(Allen. J. Schwenk, 칼라마주의 웨스턴미시건 대학교)는 이용할 수 있는 현대의 문헌에는 아주 자연스러운 질문에 대한 답이 들어 있지 않다고 주장했다. 그 질문이란 바로, "어떤 직사각형 판이어야 닫힌 기사 여행이 가능할까?"이

그림 51　드 무아브르가 알아낸 기사 여행의 한 해답

다. 다양한 출처들의 보고에 따르면 솅크의 질문은 레온하르트 오일러(Leonhard Euler) 또는 알렉상드르테오필 반데르몽드(Alexandre-Theophile Vandermonde)에 의해 풀린 것으로 되어 있지만, 실제 결과나 증명을 내놓지는 못했다. 제시된 출처들 가운데 크레쉬크가 답에 가장 가까운 결과를 내놓았지만, 직사각형의 한쪽 면이 7 이하의 크기라고 가정하고 있다. 루스 볼은 오직 8×8 사례만 다룬다. 듀드니는 8×8 사례로 환원되는 여러 퍼즐을 제시하는데, 이와 더불어 8×8×8의 정육면체 표면을 가로지르는 여행 사례를 든다.

　어쨌든 솅크는 먼지가 풀풀 날리는 자료 보관소를 뒤지기보다 직접 해답을 찾는 편이 더 즐겁다는 관점이다. 그는 수학과 학생들에게 쉽게 설명할 수 있는 해법을 하나 알아냈는데, 이 해법은 '이산 수학' 분야의 많은 사안들을 설명해 준다. 몇 가지 전문적인 내용을 제외하면 거의 누구나 이해할 수 있는 해법이기도 하다. 이제 솅크의 멋진 해석을 요약해서 설명할 텐데 자세한 내용은 「더 읽을거리」를 보기 바란다.

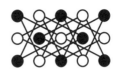

그림 52 3×5 체스 판과 이에 대응되는 기사의 움직임 그래프

수학적으로 볼 때, 기사의 여행 문제는 한 그래프 안에서 '해밀턴 사이클'을 찾는 문제로 환원된다. 그래프는 선(간선)으로 이어진 점(마디)들의 모임이다. 해밀턴 사이클은 각 마디를 한 번씩만 지나가는 닫힌 경로이다. 주어진 한 체스 판에 대응되는 그래프를 얻으려면 각 칸의 가운데를 마디로 삼고, 기사가 한 번 움직일 때 이동하는 거리만큼 마디들을 잇는 선을 그리면 된다(그림 52). 마디를 체스 판의 일반적인 색깔 패턴에 대응되도록 검정색이나 흰색으로 생각하면 편리하다. 움직일 때 기사는 한 색깔의 마디에서 반대 색깔의 마디로 건너뛴다. 따라서 마디들은 해밀턴 사이클을 돌면서 흰색과 검은색을 교대로 이동한다. 따라서 마디의 총개수가 반드시 **짝수**이다. 3×5 판에는 15개, 즉 홀수 개의 마디가 존재하므로, (시도해 볼 것도 없이) 3×5 판에는 닫힌 기사의 여행이 존재할 수 없음을 증명해 냈다. m과 n 모두 홀수인 $m \times n$ 크기인 임의의 직사각형 판도 이와 마찬가지이다.

이런 종류의 논증을 수학계에서는 홀짝성 증명(parity proof)이라고 한다. 왜냐하면 이런 증명은 홀수와 짝수의 차이에 따라 결정되기 때문이다. 이 증명을 기사의 여행에 적용하는 법은 잘 알려져 있다. 덜 알려진 내용은 좀 더 교묘한 홀짝성 증명인데, 솔로몬 골롬(Solomon Golomb)이 발견하고 이어서 루이 포사(Louis Pósa)가 수정한

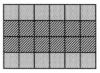

붉은색
푸른색
푸른색
붉은색

그림 53 골롬과 포사의 색깔 칠하기 방법

것으로, 임의의 $4 \times n$ 판에서는 닫힌 기사의 여행이 존재하지 않음을 밝히고 있다. 포사 버전은 새로운 색깔 칠하기를 도입하는데, 여기에선 판의 맨 위와 맨 아래 줄은 '붉은색'이고 가운데 두 줄은 '푸른색'이다(그림 53). 골롬의 증명은 이전의 색깔 칠하기와 이 새로운 색깔 칠하기 두 가지를 결합하고 있다.

여기에서는 포사의 방법을 이용한 증명을 설명한다. 푸른 마디가 오직 붉은 마디와만 연결된다는 것은 이제 더 이상 참이 아니다. 왜냐하면 어떤 푸른 마디들은 푸른 마디와 연결되어 있기 때문이다. 하지만 모든 붉은 마디들은 오직 푸른 마디와만 연결되어 있다. 따라서 해밀턴 사이클이라고 가정되는 것은 무엇이든 푸른 마디들의 사슬에 의해 분리된 하나의 붉은 마디로 이루어져 있다. 하지만 붉은색 마디와 푸른색 마디의 개수는 같으므로, 붉은색 마디와 푸른색 마디는 사이클을 돌 때마다 반드시 교대로 나타난다. 하지만 전통적인 색깔 칠하기 방법을 사용하는 흰색과 검은색 마디에서도 이것은 마찬가지이다. 따라서 위쪽 왼편 구석에서부터 살펴보기 시작하면, 모든 붉은색 마디는 검은색 마디이고 모든 푸른색 마디는 흰색 마디라는 결론이 나온다. 두 색깔 칠하기 방법은 분명히 서로 다르므로 이것은 터무니없는 결론이다. 따라서 가정된 사이클은 존재할 수 없다.

이제야 우리는 기사의 여행이 가능한 직사각형 판에 관한 쉥크의 멋진 분석을 설명할 수 있게 되었다. $m \times n$ 체스 판(여기서 설명의 중복을 피하기 위해 $m \times n$이라는 표현을 사용함)은 아래 경우가 **아니라면** 기사의 여행이 가능하다.

- m과 n이 모두 홀수
- m=1, 2, 또는 4
- m=3 그리고 n=4, 6, 또는 8

간략히 증명해 보겠다. m과 n이 홀수인 경우와 더불어 m=4인 경우는 앞에서 이미 제외시켰다. m=1 또는 2인 경우에는 기사가 판을 돌아다닐 공간이 없음은 쉽게 알 수 있다. 실제로 위쪽 왼편 마디에 오직 한 간선만이 달려 있으므로 닫힌 사이클이 그것을 지나갈 수 없다. 3×4 사례는 포사의 논증에서 다루었다. 3×6 사례는 세 번째 열의 맨 위와 맨 아래의 두 마디를 제거하면 그래프가 3개의 연결되지 않은 조각으로 나누어짐을 알 수 있다. 하지만 해밀턴 사이클에서는 두 마디를 제거하면 언제나 2개의 연결되지 않는 조각이 나온다. 3×8 사례는 더 복잡하므로 쉥크의 논문을 살펴보든가 직접 시도해 보기 바란다. (3×8 사례에 대해 단순한 불가능 증명을 찾을 수 있다면 내게 알려 주면 고맙겠다.)

이로써 제시된 사례들에 관한 불가능 증명은 마무리되었다. 이제 다른 모든 크기의 판에서 여행이 존재하는지에 관한 증명이 남아 있다. 핵심 아이디어는 $m \times n$ 직사각형 위의 여행은, 그 여행의 어떤 간선의 존재에 관한 어떤 기술적인 조건이 충족되기만 한다면, 언제

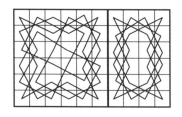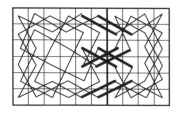

그림 54 기존의 여행(왼편의 6×6 여행)에 4개의 열을 덧붙인 모습. 굵은 선으로 서로 연결한 모습.

나 $m×(n+4)$ 직사각형 위의 여행으로 확장될 수 있다는 것이다(그림 54). 게다가 이런 기술적인 조건은 더 큰 직사각형 위의 여행에서도 유효하기에 확장 과정은 무한히 계속될 수 있다. 대칭성에 따라, $m×n$ 직사각형 위의 여행은 언제나 $(m+4)×n$ 직사각형 위의 여행으로도 확장될 수 있다.

그러므로 가령 5×6 직사각형에서 여행이 가능하다면, 또한 5×10, 5×14, 9×6 (마찬가지로 6×9), 9×10, 9×14, 13×6, 13×10, 13×14 등의 크기인 직사각형에서도 여행이 가능하다. 이때 5×6처럼 기준이 되는 '첫 크기'는 기사의 여행이 가능한 전체 크기의 집합을 만들어 낸다. 기사의 여행이 가능한 판을 찾는 마지막 단계는 이 과정이 필요한 모든 크기를 만들어 낼 수 있게 하는 서로 다른 첫 크기들을 충분히 찾아내는 일이다. 밝혀진 바에 따르면, 다음 아홉 가지이면 충분하다. 5×6, 5×8, 6×6, 6×7, 7×8, 6×8, 8×8, 3×10, 3×12(그림 55). 골롬은 이미 10×3 사례를 풀었다. 이들 사례와 이들을 90도 회전시켜서 나오는 다이어그램에서 시작해 각 변에 4의 배수만큼의 칸을 반복적으로 추가하면, 기사의 여행에 가능한 모든 크기의 판을 만들 수 있다. 증명 완료.

그림 55 기사 여행이 가능한 모든 크기들을 만들 수 있는 아홉 가지의 첫 크기

미로 속의 암소

코네티컷 주 웨스트 하트포트의 앤디 캠벨(Andy Cambell)은 마방진을 이루는 기사의 여행이라는 오래된 문제를 다시 제기했다. 이것은 8×8 체스판에서의 닫힌 기사의 여행으로, 다음과 같은 성질을 갖고 있다. 즉 출발점을 포함해 기사가 도착하는 위치마다 1부터 64까지 순서대로 숫자를 적으면 그 숫자들이 마방진을 이룬다. 즉 모든 세로줄에 있는 수들의 합, 가로줄에 있는 수들의 합, 대각선에 있는 수들의 합이 서로 같다. 최근까지 (그리고 내가 그 칼럼을 썼을 때까지) 그러한 여행의 존재는 증명되지도 부정되지도 않았다. 하지만 거의 성공할 뻔한 사례는 여러 번 있었다. 두 대각선만 제외하고는 마방진을 이루는 정사각형을 준마방진이라고 하는데, 1882년에 프랑코니(E. Francony)가 준마방진 기사 여행 하나를 발견했다(그림 56). 세로줄의 합과 가로줄의 합은 전부 260이지만 대각선의 합은 264와 256이다.

이처럼 '거의 성공할 뻔한 사례'만 이후 지속되었는데 충분히 그럴 만했다. 2003년에 총연산 시간이 두 달 이상이나 걸린 컴퓨터 계산을 통해 그

2	59	62	7	18	43	46	23
61	6	1	42	63	24	19	44
58	3	60	17	8	45	22	47
53	16	5	64	41	20	25	36
4	57	52	9	32	37	48	21
15	54	13	40	49	28	35	26
12	51	56	31	10	33	38	29
55	14	11	50	39	30	27	34

그림 56 대각선을 제외하고 마방진을 이루는 기사의 여행

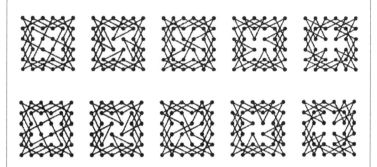

그림 57 6×6 체스 판 위에서 가능한 10가지의 회전 대칭 여행

런 여행은 존재하지 않음이 증명된 것이다. 이 증명은 '분산 컴퓨팅'을 이용해 실시되었다. 즉 지원자들이 소프트웨어를 다운로드해 자신들의 컴퓨터로 알맞은 시간에 전체 과정 중 할당된 부분을 계산했다는 뜻이다. 소프트웨어는 장 메리냑(Jean Meyrignac)이 작성했으며, 귄터 슈테르텐브링크(Günter Stertenbrink)가 웹사이트를 제작해 그곳을 통해 지원자들이 개별적으로 문제의 일부를 공략하고 결과를 제출할 수 있도록 했다. 지원자들이 140가지의 서로 다른 준마방진 여행을 찾았지만 모든 가능성을 다 살펴보아도 마방진은 없었다. 맨 끝에 나오는 웹사이트들을 보기 바란다.

콜로라도 주 덴버의 리처드 얼머(Richard Ulmer)는 나의 6×6 여행이 90도 회전 대칭을 갖는 (총9862개 가운데) 10가지 여행 중 하나임을 지적했다(그림 57). 3×n 체스 판에서 여행이 존재하는 n의 최솟값이 10임을 내가 알려 준 적이 있었다. 그는 3×10 체스 판에서는 정확히 16가지 여행이, 3×11 체스 판에서는 176가지 여행이, 3×12 체스 판에서는 1536가지 여행이, 이런 식으로 올라가서, 3×42 체스 판에서는 10경 7141조 4897억 2590만 544가지의 서로 다른 여행이 존재함을 계산해 냈다. 한편 5×

미로 속의 암소

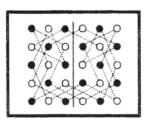

그림 58   6×5 체스 판 위의 반사 대칭 기사의 여행

6 체스 판에서는 해법이 8가지, 5×8에서는 4만 4202가지, 5×10에서는 1331만 1268가지가 존재한다.

또한 그는 대칭에 관한 정보도 갖고 있다. 예를 들어 기사의 여행에는 대각선 반사 대칭이 존재할 수 없다. 두 변이 짝수 개의 칸을 가지는 직사각형에서는 한 축에 관해 대칭인 여행이 존재하지 않는다. 수직 변이 홀수 개의 칸을 가질 때, 수평 반사 대칭을 갖는 여행 또한 불가능하다. 하지만 어떤 체스 판에서는 반사 대칭 여행이 존재한다(그림 58). 구체적으로 말해, 이런 반사 대칭 여행은 한 변이 홀수이고 다른 변이 홀수의 두 배 값일 때 존재한다. 그가 근래에 내놓은 추정에 따르면, 몇몇 예외도 존재하지만 반사 대칭 여행은 그러한 모든 판에서 존재한다. 이에 대한 증명은 현재 나와 있지 않다. 따라서 여러분이 이 멋진 문제를 직접 파헤쳐 보아도 좋다.

웹사이트

일반적인 내용

http://en.wikipedia.org/wiki/Knight's_tour

링크

http://www.velucchi.it/mathchess/knight.htm

8×8 체스 판에서는 마방진 기사의 여행이 존재하지 않음

http://magictour.free.fr/

http://mathworld.wolfram.com/news/2003-08-06/magictours/

12×12 체스 판에서의 마방진 기사의 여행

http://www.gpj.connectfree.co.uk/gpjh.htm (연결 안 됨)

미로 속의 암소

15

고양이 요람 계산법
도전

여러분에게 필요한 것이라고는 실, 그리고
양손으로 부족할 때 도와줄 친구 한 명이면 된다.
'고양이 요람'은 여러 문화권에서 발견되는
엄청나게 많은 실뜨기 형태 가운데 하나이다.
하지만 이것에 관한 수학적 내용은 무엇일까?

이번 장은 적어도 내가 이 분야에 관해 처음 글을 썼을 때에는 존재
하지 않았으며, 지금도 대부분은 존재하지 않지만 반드시 있어야 하
는 취미 수학의 한 분야에 관한 내용이다. 내가 바랐던 것은 '고양이
요람'과 수많은 전통 실뜨기 놀이에 관한 '계산법'이었다. 나는 원래
썼던 칼럼의 내용대로 이 문제를 하나의 도전 과제로 삼고 그러한 계
산법이 포착하게 될 현상들 중 일부를 설명하고자 한다. 「피드백」에
서는 이 주제의 최신 내용을 소개하면서 이 과제가 어느 정도 성취되
었는지 설명한다.

실뜨기는 문학을 비롯해 많은 분야에서 등장한다. 커트 보네거트(Kurt Vonnegut)의 공상 과학 소설 『고양이 요람(*Cat's Cradle*)』에서는 바다가 몽땅 아이스 9(ice-nine)으로 뒤덮이자 우리가 알고 있는 세상은 종말을 맞이한다. 여기서 아이스 9은 얼음의 변종으로 상온에서도 고체가 되는 가상의 얼음이다. 아이스 9은 펠릭스 회니커 박사가 만든 것이었는데, 그는 이 물질의 아주 작은 조각을 안젤라, 프랑크, 뉴트 세 아이에게 물려준다. 펠릭스 박사는 무능한 아버지이다. 왜냐하면 결국 아이스 9 조각이 유출되어 바다와 강 그리고 대부분의 생명체들을 얼려 버렸으니까. 책의 두어 군데에서 보네거트는 책의 제목을 암시한다. 막내 뉴트가 아버지가 놀이를 하는 모습을 가장 가까이에서 본 것은 펠릭스 박사가 긴 실을 빌려와 고양이 요람을 만들 때이다. "아빠는 갑자기 서재에서 나오시더니 이전에 한 적이 없던 것을 하셨다." 뉴트는 이렇게 말한다. "아빠는 나랑 함께 그 놀이를 하려고 하셨다." 하지만 그 시도는 슬프게도 실패로 끝났으며, 책의 뒷부분에서 뉴트는 그 까닭을 아래와 같이 설명한다.

"아마 100년도 더 넘도록 어른들은 자식들 앞에서 실뜨기를 해 왔다. …… 당연히 아이들은 어리둥절해진다. 고양이 요람은 누군가의 손 사이에 있는 X자 꾸러미에 지나지 않는다. 따라서 어린 아이들은 그 모든 X자들을 보고 보고 또 볼 뿐이다. …… "

"그리고?"

"젠장! 고양이도 없고, 젠장! 요람도 없다."

보네거트의 소설에는 삐딱한 사람이 등장해야 하는데, 뉴트가 여기에 딱 들어맞는 인물이다. 하지만 뉴트가 어린 시절에 겪었던 고민에 대해 작가가 그 이유를 진단한 부분은 쉬 수긍이 가지 않는다.

고양이 요람으로 가장 잘 알려져 있는 실뜨기는 여러 문화에서 오랫동안 인기가 있었으며 아이들은 어른들만큼이나 그 놀이를 즐겼다. 그 모양 속에 있는 고양이를 보려면 분명 약간의 상상력이 필요하다. 요람은 좀 더 쉽게 알아볼 수 있다.

기본적인 고양이 요람 놀이는 잘 알려져 있다. 하지만 고양이 요람을 완성하는 전체 과정에 **8가지**의 개별 형태가 존재한다는 사실은 누구나 아는 것은 아니다. 게다가 이와 동일한 일반적인 방법으로 단순한 실 고리를 양손의 손가락 사이에 끼우고 그 실을 늘어뜨리거나 꼼으로써 수많은 다른 형태들을 만들 수 있다. 비록 실뜨기 형태들의 수학적 성질이 명시적으로 드러나지는 않지만, 기하학과 위상 기하학, 조합론이 흥미롭게 섞여 있기에 실뜨기는 어느 취미 수학자라도 관심을 가질 만한 놀이이다. 하지만 실 고리에 관한 위상 기하학은 놀이에 깃든 풍부한 기하학적 성질을 파악하지 못하고 있다. 위상 기하학자가 보기에, 원래 고리를 꼬거나 얽히게 해 만들 수 있는 모든 형태들은 결과적으로 그 고리와 완전히 동일하다. 하지만 기하학자들에게는 그렇지 않다. 이들이 보기에, 실뜨기를 통해 만들어 낼 수 있는 수많은 형태들은 아름답고도 경이롭다.

아마 뉴트는 위상 기하학자였던 것 같다.

나는 고양이 요람 형태들에 관한 '계산법'을 고안해 낼 수 있어야 한다고 생각한다. 이 계산법은 일종의 대수학으로서, 다양한 종류의 표준적인 '움직임'을 연속적으로 행함으로써 흥미로울 것 없는 처음의 고리에서 의미심장한 많은 형태들을 얻는 방법을 설명해 준다. 매듭 이론으로 알려진 분야도 이런 방법과 매우 비슷하다. (특히 그중에서 이런 주제를 '땋음(braid)'이라고 한다.) 하지만 매듭 이론의 목표는 두 고리가 위상 기하학적으로 똑같을 경우를 파악하는 것인 반면에 고양이 요람의 목표는 위상 기하학적으로 등가인 고리가 기하학적으로는 **다른** 경우를 파악하는 것이다.

아래 나오는 지시대로 하려면, 약 1미터 길이의 부드럽고 매끄러운 실 한 조각을 준비하고 양끝을 묶어서 닫힌 고리를 만든다. 고양이 요람의 전체 과정이 그림 59에 나와 있다. 이렇게 하려면 두 명, 예를 들어 안젤라와 빌이 필요한데, 둘은 다른 사람의 손에서 교대로 실 고리를 빼내서 가져온다. 안젤라가 먼저 요람을 만든다(그림 59a, b). 진행 과정에는 거의 모든 단계에서 쓰이는 기본적인 움직임이 하나 있는데, 다음에 설명하는 단계가 그 움직임이 처음 사용되는 곳이다. 즉 빌이 (가령) 안젤라의 오른쪽에 선다. 내려다 보면 2개의 교차되는 두 지점을 볼 수 있다. 빌은 이것을 한 손에 하나씩 집어 당겨서 떼어 놓는다(그림 59c). 이어서 빌은 현재 모양의 중심부에서 실을 끌어당겨 바깥 모서리를 넘어 아래로 내려갔다가 안쪽으로 돌아와 가운데의 빈 공간 안으로 다시 올라온다(그림 59d). 빌이 양손을 끌어당기고 엄지와 검지를 분리할 때, 안젤라는 손가락에 걸린 고리를 느슨하게 해서 고리가 빠져나갈 수 있게 해 준다. 이제 빌은 자기 손에 새로운 형태를 갖게 되었다(그림 59e). 이 두 번째 단계를 **군인의 침대**라고 부른다. 이제 안젤라가 이 두 번째 형태에서 시작해 똑같은 움직임을 반복하면 **양초**라는 이름의 세 번째 형태(그림 59f)가 생긴다.

양초에서 네 번째 형태를 얻으려면 새로운 움직임이 필요하다. 우선 빌은 안쪽 실을 새끼손가락으로 바깥으로 끌어당긴 다음에 엄지와 검지를 아래에서부터 모양의 가운데 공간으로 통과시킨다. 기본 움직임과 비슷하지만 실이 교차되지 않는다. 그리고 빌은 엄지와

미로 속의 암소

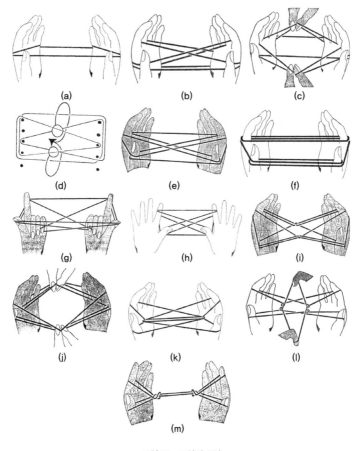

(a)   (b)   (c)

(d)   (e)   (f)

(g)   (h)   (i)

(j)   (k)   (l)

(m)

그림 59 고양이 요람

검지를 편 다음, 새끼손가락을 구부려 새끼손가락 주위의 고리를 잡
는다. 그 결과가 그림 59g의 **여물통**이다. 수학적인 여담이지만, 여물
통은 고양이 요람을 거꾸로 놓은 모습 그대로이다. 따라서 이제 전체
순서를 거꾸로 진행할 수 있을 듯하다. 하지만 전통적인 경로를 따르

면 뜻밖의 일이 생긴다.

여물통에서 시작해, 아래위를 거꾸로 해(교차 지점을 위쪽으로부터가 아니라 아래쪽으로부터 잡음) 기본 움직임을 한 번 더 반복하면, 예상하다시피 군인의 침대가 거꾸로 있는 형태가 나온다(그림 59h). 전통적으로 이 다섯 번째 형태를 **다이아몬드**라고 한다. 여기서 이번에는 거꾸로가 아니라 보통 하는 방법으로 기본 움직임을 한 번 더 반복하면, **고양이 눈**이 생긴다(그림 59i). 그림 59i 모양의 교차하는 부분을 양손으로 집고(그림 59j) 양손을 모양의 가운데 밑으로 내리지 **말고** 뒤로 끌어당기면 **접시 위의 물고기**가 생긴다(그림 59k).

마지막 단계는 더 애매하다. 빌은 자신의 새끼손가락을 이용해 가운데 실을 분리시키고(그림 59l) 이어서 보통의 방법으로 가운데 부분으로 손가락을 들어올린 후, 엄지와 검지를 안쪽과 위쪽으로 젖히면 여덟 번째 형태인 **시계**가 나온다(그림 59m). 왜 이런 이름인지는 나도 알 수 없다. 이번 경우에는 나도 뉴트가 어느 정도 이해된다.

만약 다른 움직임을 사용하면 진행 과정의 순서를 바꿀 수 있다. 가령 요람에서 요람으로 곧바로 가거나 군인의 침대에서 고양이 눈으로 갈 수 있다. 효과적인 고양이 요람 계산법이라면 그런 모든 변형들을 다룰 수 있어야 한다.

지금까지 설명한 과정은 많은 문화에 공통된 것이지만, 그 이름은 상당히 다르다.

- 요람: 영구차 덮개, 물
- 군인의 침대: 체스 판, 산고양이, 교회 유리창, 물고기 연못
- 양초: 젓가락, 나막신 바닥, 악기, 거울

- 여물통: 뒤집어진 요람
- 다이아몬드: 정사각형
- 고양이 눈: 소의 눈알, 말의 눈, 다이아몬드
- 접시 속의 물고기: 악기, 쌀 빻는 도구
- 시계: 이 모양은 시계를 거의 닮지 않았지만, 흥미롭게도 이것에만 다른 이름이 붙어 있지 않다.

만들 수 있는 여러 다른 모양들 중 한 사례로, 한 명이 더욱 정교한 일련의 움직임으로 어떤 한 형태를 만드는 법을 알려 주고자 한다. **인디언 다이아몬드**라는 이 형태는 고양이 요람과 똑같지는 않지만 아주 비슷한 방법으로 시작한다(그림 60). 표준적인 고리에서 시작하고(그림 60a), 그 다음에 왼손바닥을 가로지르는 줄을 오른손 검지로 집어 올린다(그림 60b). 그리고 오른손바닥을 가로지르는 줄을 왼손 검지로 집어올린다(그림 60c). 그 다음에, 양 엄지를 서로 향하는 방향으로 구부려 고리를 미끄러지게 하면서, 살며시 양손을 떼어 놓는다. 양손바닥이 바깥쪽으로 향하도록 양손을 비튼다. 엄지를 모든 실 아래로 지나게 해 새끼손가락 실에 걸고 나서, 새끼손가락 실을 몸 쪽으로 끌어당기면서 양손을 다시 비튼다(그림 60d). 설명과 달리 이 과정은 자연스레 이루어지므로 직접 해 보면, 이 방법으로 실뜨기를 했을 때 '당연히' 저런 모양이 됨을 알 수 있다.

그림 60e는 실이 현재 어떤 모양인지 그리고 다음에는 어떻게 해야 할지를 보여 준다. 엄지손가락 바로 앞에 있는 실의 맨 위로 엄지손가락을 넘기고, 이어서 그 다음 실들 아래로 들어가 엄지손가락의 뒤쪽 부분으로 집어 올린다. 그러면 그림 60f가 나온다. 그 다음

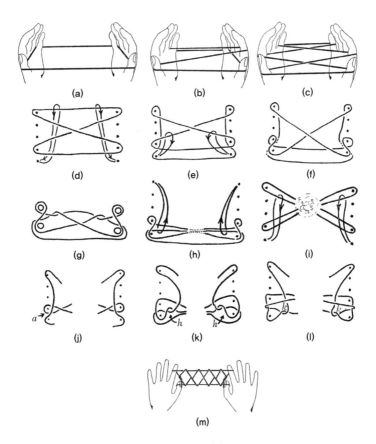

그림 60 인디언 다이아몬드

에, 새끼손가락을 구부려 새끼손가락에서 고리를 미끄러져 나가게
하고 양손을 부드럽게 떼어 낸다. 그 결과(그림 60g)는 조금 얽혀 있지
만, 이제부터는 더 단순해진다. 그림 60h는 그다음 움직임을 보여 준
다. 원한다면 양손을 젖혀서 새끼손가락을 몸 쪽으로 구부린 다음,
(검지에서부터) 새끼손가락이 만나는 첫 실들 너머로 새끼손가락을 구

미로 속의 암소

부리고 (엄지로부터) 그 뒤의 다음 실 아래로 구부린다. 이제 새끼손가락을 편다.

이 단계에서는 각 엄지손가락에 고리가 2개 있는데, 앞에서처럼 이 고리를 풀어 주어야 한다. 그러고 나면 실은 훨씬 단순해진다(그림 60i). 다만 가운데 부분에 얽힌 매듭이 있지만 굳이 설명하지 않아도 되는 부분이다. 검지에서 고리를 만드는 두 실 위로 엄지를 넘긴다. 이어서 새끼손가락 고리의 더 가까운 실 아래로 넘겼다가 처음 시작한 곳으로 다시 돌아온다. 여기서 양손을 비틀어야 할 수도 있다.

그러면 실은 그림 60j 같아야 한다. 다음 단계는 특이하다. 오른손의 손가락들을 사용해 'a'라고 표시된 점에 있는 실을 집어서, 살짝 끌고 가서 왼손 엄지손가락 위로 넘긴다. 다른 손에서 이 과정을 반복한다. 새끼손가락이 실과 교차하는 그 **위의** 실을 집도록 주의한다. 제대로 이렇게 하면 그림 60k가 나온다. 이번에도 가운데 매듭 부분에 관한 설명은 생략한다.

거의 다 되었다. 마지막 단계는 하기도 쉽고 설명도 쉽다. 두 엄지손가락을 서로 마주보도록 젖히고, 그림 60k 아래쪽에 'h'라고 표시된 구멍으로 통과시킨 후 가까운 측면에서 들어올린다. 이어서 검지를 그림 60l의 'k'라고 표시된 구멍 속으로 향하게 한다. 조심스럽게 실을 새끼손가락에서 미끄러지게 하고 손바닥을 살며시 바깥쪽으로 돌려서 그 실을 팽팽하게 한다. 조금 연습하고 나면 그림 60m이 분명 나온다. 이것이 바로 아주 멋진 인디언 다이아몬드이다.

이 두 사례는 실뜨기 형태를 조금 맛본 것에 지나지 않는다. 더 자세히 알고 싶으면 캐롤라인 제인(Caroline Jayne)의 『실뜨기 형태와 만드는 법(*String Figures and How to Make Them*)』을 보기 바란다.

마크 앨런 셔먼(Mark Allen Sherman)은 《국제 실뜨기 협회 회보(*Bulletin of the International String Figure Association*)》의 편집자인데, 자신이 만드는 이 잡지 여러 부와 함께 이 주제에 관한 이 잡지의 이전 버전들을 보내왔다. 이들 중에는 톰 스토어(Tom Storer)가 쓴 《국제 실뜨기 협회 회보》의 특별판과 마크 셔먼, 조지프 단토니(Joseph D'Antoni), 시시도 유키오(Shishido Yukio)와 제임스 머피(James R. Murphy)가 쓴 《국제 실뜨기 협회 회보》의 기사들이 들어 있었다. 「더 읽을거리」에 전체 참고 자료가 실려 있다.

가장 수학적인 반응을 보인 사람은 마틴 프로버트(Martin Probert)였다. 그는 아래에 적어 놓은 인터넷 웹사이트에 일련의 적절한 내용들을 올려놓았다. 그가 내놓은 결과에는 교차점에서 실이 겹치는 차이를 제외하고는 서로 닮은 실뜨기 형태를 분석하는 방법과 더불어, 실뜨기 형태에서 공통의 하위 패턴인 '모티프'에 관한 아이디어도 들어 있다. 또한 새로운 실뜨기 형태들도 많이 있는데, 2002년에 발명된 재버워크(jabberwock)와 이상한 나라의 앨리스가 그러한 예이다.

웹사이트

일반적인 내용

http://www.alysion.org/string.htm

http://en.wikipedia.org/wiki/String_game

http://en.wikipedia.org/wiki/Cat%27s_cradle

국제 실뜨기 협회

http://www.isfa.org

마틴 프로버트의 웹사이트

http://website.lineone.net/~m.p/sf/menu.html

16

유리
클라인 병

위상 기하학은 고무판 기하학이지만, 대부분의
수학자들은 슈퍼컴퓨터를 사용하지 않을 때에는
칠판과 분필이라는 전통적인 도구를 더 좋아한다.
앨런 베넷에게는 이와 다른 방법이 있다.
그는 유리로 무언가 만드는 것을 좋아한다.
그는 심지어 정리들도 그런 식으로 증명한다.

10여 년 전 베드퍼드 출신의 유리 부는 직공 앨런 베넷(Alan Bennet)
은 뫼비우스 띠, 클라인 병 같은 위상 기하학에 나오는 신기한 형태
들에 흥미를 가졌고 흥미로운 문제 하나를 알게 되었다. 수학자라면
계산으로 풀려고 했을 테고 화가라면 그림을 그렸을 것이다. 앨런은
익숙한 재료들을 구해 그 문제를 유리로 해결했다. 그가 만든 일련의
놀라운 유리 물체들은 사실상 유리로 실현한 연구 프로젝트로, 런던
의 과학 박물관의 영구 전시물이 되었다.

　　위상 기하학자들은 어떤 형태들을 늘이거나 비틀거나 다른 방

법으로 변형시켰을 때 변하지 않은 성질을 연구한다는 점을 상기하자. 이때 유일한 조건은 그 변형이 연속적이어야 하며, 따라서 그 형태는 영구히 찢기거나 잘리지 않아야 한다는 것이다. 하지만 앞에서 위상 기하학에 관해 논의할 때, 그곳에서 다루기에 적절하지 않아 언급하지 않았던 한 가지 가능성이 더 있다. 그것은 바로, 잠시 그 형태를 자르는 행위도 만약 잘린 부위가 결국 다시 붙어서 잘린 부위 주위에 원래 이웃하고 있던 점들이 다시 이웃하게 되면 허용된다는 규정이다. 겉보기와 달리 급조한 단서가 아니라 '연속 변환'의 기술적 개념을 비공식적으로 해석한 이 규정 덕분에 수학자는 형태를 그 자체로서만 취급하고 어떤 주변 공간이라도 무시할 수 있다. 위상 기하학적 성질의 하나로 연결성이 있다. 연결성과 관련해 이런 질문이 가능하다. 어떤 형태가 한 조각 내에 있는가 아니면 여러 조각에 걸쳐 있는가? 그 속에 구멍이 있는가? 그렇다면 어떤 종류의 구멍인가?

매듭과 고리는 다루기에 까다롭다. 이들에게도 위상 기하학적 성질이 있지만, 수학적 개념을 구성할 때에는 주변 공간도 명시적으로 고려된다. 매듭이 있는 닫힌 고리는 위상 기하학적으로 매듭이 없는 닫힌 고리와 등가이다. 고리를 자르고 매듭을 푼 다음 다시 잘린 곳을 이으면 되기 때문이다. 그러나 매듭이 있는 고리는 매듭이 없는 고리와는 다른 방식으로 공간 속에 놓여 있다. 심지어 잘라 붙이기가 허용되더라도 매듭진 고리를 풀려고 **전체 공간**을 위상 기하학적으로 변형시킬 수는 결코 없다. 해당 고리가 아니라 전체 공간을 잘라 붙여야 하기 때문이다.

위상 기하학은 비교적 최근에 도입된 수학 분야이다. 얼마간의 초기 단계 이후 이 학문이 하나의 독립 분야로 등장한 것은 약

100년 전이었다. 위대한 프랑스 수학자 푸앵카레가 기본적인 대수적 기법들을 도입하면서부터다. 이제 이 학문의 영향력은 순수 수학과 응용 수학을 망라해 현대 수학의 모든 분야에 스며들고 있다. 예를 들어 중력의 영향으로 움직이는 많은 천체들을 연구하는 분야인 천체 역학에서도 필수불가결한 학문이 되었다. 이 분야에서 위상 기하학은 가능한 운동 유형을 설명하고 서로 다른 충돌 유형을 설명한다.

가장 낯익은 위상 기하학적 형태는 언뜻 보기에 다소 재미있는 장난감처럼 보인다. 하지만 이 형태들이 가진 의미는 심오하다. 그런 예로 뫼비우스 띠가 있는데, 이것은 긴 종이 끈을 한 번 비튼 후 양끝을 서로 붙이면 만들 수 있다. 이번 장에서 '비튼다'는 말은 '180도 회전한다'는 뜻이다. 때때로 이 작업을 반비틀기라고도 한다. 뫼비우스 띠는 한 면만을 갖는 가장 단순한 곡면이다. 만약 두 사람이 뫼비우스 띠의 한 면에는 빨간색을 다른 면에는 파란색을 칠하려고 하면 둘은 결국 서로 부딪히고 만다. 만약 둘이 속이 빈 구면에 이렇게 칠하려고 했다면 그런 문제가 생기지 않았을 것이다. 구는 한 면은 빨간색으로 그리고 다른 한 면은 파란색으로 칠할 수 있다. 구는 두 면 곡면(면이 2개인 곡면)이고 뫼비우스 띠는 그렇지 않다. 이런 점에 익숙해지자.

띠를 여러 번 비틀면 뫼비우스 띠의 변형 형태가 생긴다. 위상 기하학자에게는 홀수 번 비틀면 한 면 곡면이 되고 짝수 번 비틀면 두 면 곡면이 되는 것이 중요한 차이이다. 홀수 번 비틀어서 생기는 형태들은 모두 위상 기하학적으로는 뫼비우스 띠와 본질적으로 동일하다. 왜 그런지 알고 싶다면, 띠를 자른 다음에 한 번 비틀린 것만 남기고 나머지 비틀린 것을 모두 풀고서 잘린 부분을 다시 붙인다. 짝수 번 비틀림을 없앴기 때문에, 잘린 부분을 다시 붙이면 그 부분에 있던 점들은 원래 위치대로 만난다. 하지만 홀수 번 비틀림을 없앤 띠에서는 그렇지 않다. 잘린 띠의 한쪽 면은 다른 쪽 면과 비교할 때 끝과 끝이 뒤집혀 있다.

비슷한 이유로 짝수 번 비틀어 만든 띠들은 모두 비틀림이 없는 일반적인 원통형 띠와 위상 기하학적으로 동일하다. 하지만 정확한 비틀림 횟수는 위상 기하학적인 의미를 갖는다. 왜냐하면 비틀림 횟수는 띠가 주위 공간 속에 어떻게 놓여 있는지에 영향을 미치기 때문이다. 여기서 두 가지 질문이 제기된다. 하나는 띠의 내재적인 기하학에 관한 것이고 다른 하나는 공간 속에 놓인 띠에 관한 것이다. 전자는 비틀림 횟수의 홀짝성(홀수냐 짝수냐)에만 달려 있지만 후자는 정확한 비틀림 횟수에 달려 있다.

뫼비우스 띠는 하나의 경계 — 비틀어 붙인 양끝 모서리 부분 — 를 갖는다. 구에는 경계가 없다. 한 면 곡면이 경계를 갖지 않을 수 있을까? 이에 대한 답은 '예'로 밝혀졌는데, 유명한 예가 클라인 병이다(그림 61). 이 그림에서 '주둥이' 또는 '목'은 둥글게 휘면서 병의 표면 속을 통과해 바깥으로 나오며 병의 본체와 연결된다. 이 그림에서 클라인 병은 작은 원형 곡선을 통해 자기 자신과 만난다. 위상 기하학자는 이상적인 클라인 병에 대해 생각할 때 이 교차점을 무시한다. 왜냐하면 이것은 주위 공간이 3차원일 때 일어나는 부작용일 뿐이기 때문이다. 3차원 공간에서는 자신과 교차되지 않고서는 이러한 곡면이 존재할 수 없다. 위상 기하학자에게는 이것이 아무런 문제가 되지 않는다. 왜냐하면 그는 고차원 공간에서 또는 심지어 아무런 주위 공간이 없더라도 개념적으로 곡면을 상상할 수 있기

미로 속의 암소

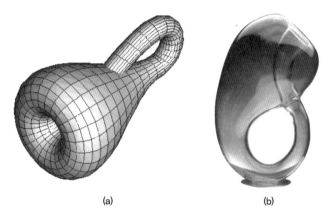

(a)   (b)

그림 61 클라인 병의 (a) 수학적 모형과 (b) 유리로 만든 모형

때문이다. 하지만 이런 성질은 모형 제작자와 유리 불기 직공에게는 피할 수 없는 장애물이다.

클라인 병을 색칠하려고 상상해 보자. 크고 불룩한 '바깥쪽 면'에서 시작해 좁아지는 목이 있는 쪽으로 칠해 간다. 클라인 병이 자신과 만나는 부분을 지날 때는 그 부분이 존재하지 않는다고 잠시 여겨야 한다. 그래서 목을 따라 내려가면 이제 불룩한 부분의 '안쪽 면'으로 들어와 있다. 목이 열려 불룩한 부분과 다시 만나면 그때도 불룩한 부분의 **안쪽 면**을 칠하고 있다! 클라인 병의 바깥쪽 면과 안쪽 면인 것처럼 보이는 두 부분은 아무런 꿰맨 자국도 없이 이어져 있다. 정말로 한 면 곡면임이 분명하다.

앨런은 클라인 병을 적절한 곡선을 따라 자르면 2개의 뫼비우스 띠로 분리된다는 이야기를 듣고, 이것을 유리 모형으로 입증했다(그림 62). 그림 61처럼 일반적인 공간에 놓인 클라인 병으로 그렇게 하

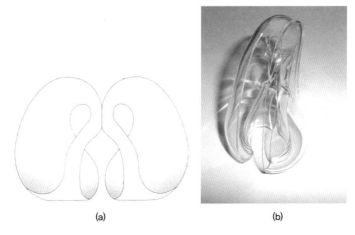

(a)   **(b)**

그림 62　(a) 수학적인 방법과 (b) 유리 모형으로 클라인 병을 2개의 뫼비우스 띠로 자르기를 구현

면, 분리된 뫼비우스 띠는 한 번 비틀려 있다. 그는 세 번의 비틀림이 있는 뫼비우스 띠를 2개 얻으려면 어떤 형태로 잘라야 하는지 궁금했다. 그래서 유리로 서로 다른 형태들을 많이 만들고 이들을 잘라서 어떤 형태가 나오는지 보았다. 그는 이렇게 적고 있다. "나는 언제나 문제를 실제적인 방법으로 풀길 좋아한다. 기본 개념의 변형판들을 충분히 만들거나 수집하면, 그 문제에 대한 가장 논리적이거나 명백한 해답이 보인다. 클라인 병의 경우 나는 가능한 적은 몇 가지 제한적인 원리만을 따르면서 온갖 종류의 단일 곡면 용기들을 설계하고 만들기 시작했다. 기본적인 클라인 병을 늘이거나 변형하면 수많은 형태들을 쉽게 만들 수 있지만, 나는 이 정도를 넘어서 새로운 개념을 고안해 내고 싶었다. 내가 아는 한 내가 설계한 형태들은 전부 새로운 것이었다. 그렇지만 그 근본은 모두 원래의 클라인 병이다."

　미로 속의 암소

그림 63 목이 3개 달린 클라인 병

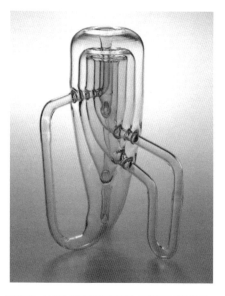

그림 64 서로의 내부에 들어가 있는 3개의 클라인 병 세트

세 번 비틀린 뫼비우스 띠를 찾던 앨런은 3이라는 수로 온갖 종류의 변형을 시도했다. 그런 예가 목이 3개인 클라인 병(그림 63), 그리고 놀랍게도 서로의 내부에 들어가 있는 3개의 클라인 병 세트 등이다(그림 64). 그는 3개의 병을 서로의 위에 쌓고, 그렇게 쌓인 3개의 병으로 이루어진 세트를 연결했다. 그는 이 형태를 자르면 어떻게 될지 생각했다. 심지어 그는 이를 알아보기 위해 다이아몬드 톱으로 그 모양을 자르기도 했다. 그는 어떤 선을 따라 잘라야만 이 형태들에서 뫼비우스 띠가 생길지를 마음의 눈으로 '보기' 시작했다. 하지만 세 번 비틀린 뫼비우스 띠는 좀처럼 찾기 어려웠다. 결국, 목이 두 번 감겨서 자신과 세 번 교차하는 흥미로운 병을 찾아냄으로써 돌파구가 생겼다(그림 65). 그는 이것을 전설의 새 이름을 따서 '우슬람 용기(Ouslam Vessel)'라고 명명했다. 이 새는 자신의 점점 더 작아지는 원을 따라 계속 돌다가 마침내 종적을 감추고 사라진다고 한다. '우잘럼(Oozalum)'이라는 스펠링도 흔히 쓰인다.

우슬람 용기를 좌우 대칭 면 — 그림 65의 종이 면 — 을 통과하며 세로로 자르면, 세 번의 비틀림이 있는 2개의 뫼비우스 띠로 분리

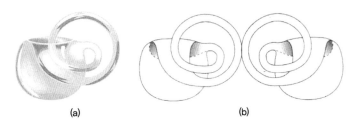

(a)   (b)

그림 65 '우슬람 용기'. (a) 목의 고리가 두 번 감겨 있는 단면의 모습. (b) 이처럼 잘리면 세 번 비틀린 2개의 뫼비우스 띠로 분리된다.

미로 속의 암소

그림 66 나선형 클라인 병을 자르면 일곱 번 비틀린 2개의 뫼비우스 띠로 분리된다.

된다. 문제 해결! 하지만 이것은 시작에 불과하다. 여느 수학자들과 마찬가지로 앨런은 더 큰 도전을 추구했다. 다섯 번 비틀린 띠는 어떨까? 일곱 번 비틀린 띠는? 열아홉 번 비틀린 띠라면! 일반적인 원리는 무엇이었을까? 여분의 고리를 추가해 그림 65를 일반화하자 금세 그는 다섯 번 비틀린 띠가 생김을 알아냈다. 한 번 고리를 더 추가할 때마다 두 번의 비틀림이 더 생긴다.

이어서 그는 설계를 단순화해 그것을 더욱 견고하게 함으로써 그림 66처럼 생긴 나선형의 클라인 병을 제작했다. 이것을 자르자 일곱 번 비틀린 2개의 뫼비우스 띠로 분리되었다. 나선형 회전을 한 번 추가할 때마다 두 번의 비틀림이 더 생긴다.

나선형 회전의 중요성을 간파한 앨런은 나선의 '비틀림을 풂'으로써 원래의 클라인 병으로 돌아갈 수 있음도 알아차렸다. 그러면 나선형 클라인 병이 잘리는 선도 변형될 것이다. 병의 나선형 목의 비틀림이 풀리면서 잘린 선이 비틀리게 된다. 따라서 일반적인 클라인

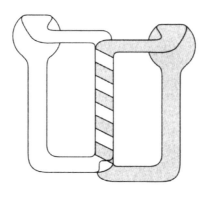

그림 67 일반적인 클라인 병을 나선을 따라 자르기

병을 나선을 따라 자르면(그림 67), 원하는 대로 많은 비틀림을 얻을 수 있다. 이 그림의 경우에는 아홉 번 자르면 된다.

　이제 마지막 호기심을 자극할 문제가 하나 있다. 이런 작업의 원래 동기는 클라인 병을 잘라서 한 번 뒤틀린 2개의 뫼비우스 띠를 얻을 수 있는지 알아보는 것이었다. 하지만 클라인 병을 색다른 곡선을 따라 자르면 단 하나의 뫼비우스 띠가 생길 수 있다. 어떻게 하면 되는지는 여러분께 맡긴다. 답은 다음 장에 있다.

미로 속의 암소

몬태나 주 빌링스에 사는 로버트 헨릭슨(Robert L. Henrickson)은 도자기로 만든 이와 비슷한 병에 관한 흥미진진한 정보를 알려 주었다. 허버트 앤더슨 주니어(Herbert C. Anderson Jr.)가 쓴 『생명, 시대 그리고 브랜슨 그레이브스 스티븐슨의 예술(*The Life, The Times, and the Art of Branson Graves Stevenson*)』에는 이런 이야기가 나온다. "수학자인 아들 메이너드가 낸 문제에 대한 답으로 브랜슨은 독일 수학자 클라인의 위상 기하학적 제안을 따라 자신의 첫 클라인 병 만들기에 착수했다. 이 첫 시도가 진척을 이루지 못하고 있던 중, 꿈에 유명한 영국인 도공인 웨지우드(Wedgwood)가 나타나 클라인 병을 만드는 법을 알려 주었다. 브랜슨은 웨지우드의 지시를 따랐고 마침내 성공했다!" 이때가 약 50년 전이었다. 이 책에는 도자기 클라인 병의 그림이 실려 있다. 이 그림에는 주둥이가 하나 달려 있는데, 이것이 위상 기하학에 본질적인 것은 아니다. 브랜슨은 이것이 무의식의 힘이 존재한다는 증거라고 여겼다. 점토 세공과 도자기에 관한 그의 연구 덕분에 몬태나 주 헬레나에 아치 브레이 재단(Archie Bray Foundation)이 생기게 되었다.

해답

그림 68은 클라인 병을 색다른 곡선으로 잘라 단 하나의 뫼비우스 띠를 만드는 방법을 보여 준다.

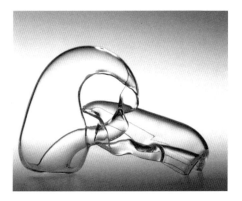

그림 68 앨런 베넷이 하나의 뫼비우스 띠를 얻기 위해 클라인 병을 자르는 방법

웹사이트

일반적인 내용

http://en.wikipedia.org/wiki/Klein_bottle

http://plus.maths.org/issue26/features/mathart/index-gifd.html

http://mathworld.wolfram.com/KleinBottle.html

유리 클라인 병

http://www.kleinbottle.com/meter_tall_klein_bottle.html

http://www.kleinbottle.com

http://www.sciencemuseum.org.uk/objects/mathematics/1996-545.aspx

미로 속의 암소

17

시멘트처럼
굳건한 관계

예술과 과학은 멀리 떨어진 듯 보이지만, 예술가는
그림, 무용 또는 조각에서 의미심장한 과학적
아이디어를 심심찮게 구현해 낸다. 조너선 캘런이 만든
구멍이 나 있는 흥미로운 풍경은 시멘트의 물리적 성질에
바탕을 두고 있다. 하지만 이에 관한 수학은 아직 제대로
마련되어 있지 않다.

권위 있는 과학 저널 《네이처(*Nature*)》— 예를 들어 프랜시스 해리
컴프턴 크릭(Francis Harry Compton Crick)과 제임스 듀이 왓슨(James
Dewey Watson)이 DNA의 이중 나선 구조에 관한 기념비적인 발견을
이 저널에 발표했다 — 는 수준 높은 과학 연구와 대중적 언론의 면
모를 잘 조화시키고 있다. 한때 이 저널의 정기 칼럼의 하나로 역사
학자 마틴 켐프(Martin Kemp)가 쓴 「예술과 과학」이 있었다. 1997년
12월 11일자 칼럼은 조너선 캘런(Jonathan Callan)이라는 런던 예술가
의 놀라운 풍경 작품에 대해 설명했다. 전통적인 풍경화는 자연 경

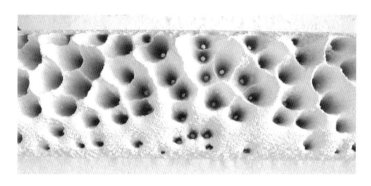

그림 69 조너선 캘런의 풍경 작품 중 하나

관을 담은 그림이지만, 캘런의 작품은 조각이다. 지구에서 볼 수 있는 것과는 전혀 다른 완전히 새로운 풍경이었다. 판 위에 무작위적으로 구멍을 뚫고 시멘트를 부어 만든 3차원 형태의 풍경이었다(그림 69).

옥스퍼드 대학교의 예술사 학과의 석좌 연구 교수인 켐프는 캘런의 조각을 모래 언덕과 '자기 조작적 임계성'에 관한 복잡성 이론과 관련시킨다. 편집자에게 보낸 편지에서 에든버러 왕립 천문대의 에이드리언 웹스터(Adrian Webster)는 캘런의 풍경 작품의 흥미로운 기하학적 내용은 훨씬 더 고전적인 수학 분야인 보로노이 세포 이론을 써서 이해할 수 있음을 지적했다. 또한 그는 캘런의 풍경 작품 속의 보로노이 세포들이 어떻게 최근 천문학의 위대한 발견 중 하나인 우주 내 물질의 거품형 분포를 밝혀내는지도 설명했다.

이것은 수학, 예술, 과학의 통합에 관한 멋진 사례가 아닐 수 없다.

켐프는 미술가들이 작품 활동을 할 때 언제나 물리학과 화학의 과정들에 의존해 왔다는 점을 지적했다. 예를 들어 고전 조각에서 돌의 균열성, 색소의 성질, 그리고 심지어 청동을 주조할 때 뜨거운 금속의 유동성 등을 활용했던 것이다. 하지만 전통적인 화가들은 자신들이 바라는 대로 미술 재료의 특성이 발현되도록 그런 과정들을 이용했다. 이에 반해 캘런은 재료의 물리적 및 화학적 과정들이 작품의 주된 예술적 특성을 결정하도록 허용한 몇 안 되는 현대 미술가에 속한다. 켐프는 이것을 '형태학의 자유로운 진화'라고 표현했다. 《네이처》의 관심을 끌었던 특별한 작품 시리즈는 무작위적인 일련의 구멍이 뚫린 표면에서 시작한다. 이후 캘런은 시멘트 가루를 체로 쳐서 그 표면 위에 골고루 뿌린다. 일부 시멘트 가루들은 구멍으로 흘러나가지만, 일부는 구멍 주위에 모여 환상적인 뾰족한 산들이 생겨 구멍 주위의 분화구처럼 움푹 꺼진 부분을 둘러싼다.

캘런은 그 결과로 생긴 작품을 이렇게 묘사했다. "퇴적 광상, 강어귀의 퇴사의 탈자연화된 지질학적 원리 …… 대단히 '자연적'이면서도 동시에 매우 '인공적'이기도 한 것 같은 지형 구조. 새로운 종류의 알프스 산맥." 켐프는 어떤 일반적인 원리가 캘런의 환상적인 풍경 작품을 지배하는 것 같다고 언급한다. 예를 들어 가장 높은 정상은 구멍에서 가장 멀리 떨어진 영역에서 생긴다.

바로 이러한 규칙성을 웹스터의 연구가 설명하고 있다.

토목 기술자들은 종종 흙을 다루어야 한다. 예를 들어 건물은 대부분 흙 위에 세워져 있다. 부드러운 땅을 파헤쳐 도로를 만들 때에도 흙, 모래 또는 시멘트와 같은 알갱이 물질들이 어떻게 쌓이는지를 이해해야 한다. 가장 단순하면서도 중요한 성질은 **임계각**의 존재이다. 알갱이 물질의 본성에 따라 무너지지 않고 유지될 수 있는 가장 가파른 비탈이 존재한다. 이 비탈은 일정한 각, 즉 임계각을 유지

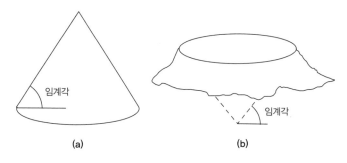

그림 70 (a) 원뿔형 모래더미. (b) 뒤집힌 원뿔형 분화구.

한다. 예를 들어 한 고정된 위치에서 가늘게 계속 쏟아 붓는 방식으로 모래를 계속 높이 쌓으면, 비탈의 각도가 계속 커지다가 임계각에 도달한다. 그 이후에는 모래를 계속 더 부어도 이렇게 해서 생긴 더미 아래로 모래가 흘러내려가 버리기 때문에 작거나 큰 모래 사태를 일으키며 임계각이 계속 유지된다. 그 결과 생긴 '정상 상태' 형태는, 이 가장 단순한 모형의 경우, 측면 비탈이 정확히 임계각을 갖는 원뿔이다(그림 70a).

복잡성 이론가들은 비탈이 이런 형태에 이르는 과정과 더불어 비탈이 커지면서 수반되는 크고 작은 붕괴 사태의 성질을 연구한다. 덴마크 물리학자인 페르 박(Per Bak)은 그러한 과정을 일컫는 '자기 조직적 임계성'이라는 용어를 새로 만들어 냈으며, 그러한 과정이 자연계, 특히 진화(진화의 경우, 사태란 흙 알갱이에 관한 것이 아니라 전체 종에 관한 것이고, 더미는 잠재적인 유기체가 차지하는 가상적 공간 내에 있다.)에 관한 많은 중요한 특성을 설명할 모형이 된다고 제시했다. 실제 모래 더미는 토목 기술자가 말하는 원뿔형이나 박(Bak)의 붕괴 사태보다 더 복잡하지만, 하나의 비유로서는 유용하다.

웹스터는 우선 캘런의 작품에서 한 구멍 주위의 시멘트 가루의 구조는 토목 기술자의 원뿔형 더미와 상호 보완적임을 지적한다. 구멍이 하나만 나 있는 평평한 판을 생각해 보자. 구멍으로부터 떨어진 거리에서 시멘트는 임계각을 가지며 모든 방향으로 솟아오르며 원뿔형의 움푹한 공간을 만드는데, 이 공간의 뾰족한 끝은 아래로 향하며 구멍의 중심에 놓여 있다(그림 70b). 이 뒤집힌 원뿔이 캘런의 놀라운 풍경을 만드는 분화구와 협곡인 셈이다. 단순한 모형에서 보면, 이것도 임계각 비탈을 갖고 있다.

하지만 구멍이 여러 개일 때는 기하학적 구조가 어떻게 될까? 이제 핵심은 비탈을 굴러 내려가 어느 한 구멍 속으로 떨어지는 임의의 시멘트 가루가 첫 충돌 지점에서 **가장 가까운** 구멍 속으로 떨어진다는 사실이다. 이것은 비탈이 모두 똑같은 각도를 갖기 때문에 생기는 결과이다. 따라서 원뿔형 분화구들 사이의 경계가 어디에서 형성될지 예측할 수 있다. 판을 각 구멍을 둘러싼 영역으로 나눈다. 이때 각 영역은 다른 어느 구멍보다 선택된 구멍에 더 가까운 바로 그런 점들로 이루어지도록 한다. 말하자면 구멍의 '영향권(sphere of influence)'을 형성하는 것이다. 그것이 구(sphere)가 아니라 다각형이기는 하지만 말이다. 판이 평평하다면, 이 영역들 사이의 경계는 이웃 분화구들의 공통 경계 바로 아래에 있다.

이 영역을 설명하는 또 다른 방법은 임의의 구멍 쌍을 선택해 한 구멍의 가운데서 다른 구멍의 가운데로 선을 그리는 것이다. 그 선을 절반으로 나눈 지점에서 그 선에 수직인 선을 그린다. 즉 두 구멍을 잇는 선의 중심점을 지나는 수직 이등분선을 그린다. 모든 구멍 쌍에 대해 이 과정을 반복하면 선들로 이루어진 망이 생긴다. 각 구

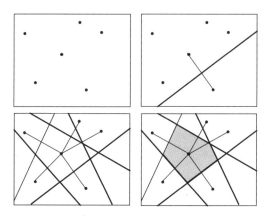

그림 71 보로노이 세포 만들기

멍에 대해, 이 망의 선분들로 경계를 이루면서 해당 구멍을 포함하고 있는 가장 작은 볼록한 영역을 찾는다(그림 71). 이 영역이 해당 구멍에 대응되는 **보로노이 세포**이다. 각 구멍은 고유한 보로노이 세포로 둘러싸이며, 이 보로노이 세포들이 그 평면을 타일처럼 메운다.

게오르게 보로노이(George Voronoï)는 1900년경에 정수론과 다차원 타일 배열을 연구했던 러시아의 수학자인데, 그가 제시한 개념은 초기 결정학자들에 의해 받아들여졌다. 보로노이 세포는 디리클레 영역, 브릴루앙 영역, 위그너-자이츠 세포 등 여러 가지 이름으로 불린다. 왜냐하면 이 구조는 여러 상황에서 독자적으로 재발견되었기 때문이다. 이것을 전문적으로 정의하고 연구한 최초의 인물은 수학자 페터 르죈 디리클레(Peter Jejeune Dirchlet)였던 것 같다. 디리클레는 1850년에 그것을 정수론에 적용했다. 하지만 르네 데카르트(René Descartes)도 1644년에 그것을 비공식적으로 이용했다. 1854년 영국인 의사인 존 스노(John Snow)가 콜레라에 대한 자신의 유명한 연구에서 보로노이 다이어그램을 이용했다. 대부분의 희생자들이 다른 양수기보다 브로드 가(Broad Street)의 양수기에 더 가까이 살았음을 — 따라서 그 양수기에서 나온 물이 감염되었음을 짐작할 수 있다 — 밝히기 위해서였다.

보로노이 세포의 기하학을 모래더미의 임계각과 연계해서 생각하면, 캘런의 분화구들은 동일한 임계각을 가지면서 뒤집힌 원뿔 모양으로 솟아오름을 알 수 있다. 그리고 분화구들은 캘런의 뚫린 구멍 시스템에 의해 정의된 보로노이 세포들의 모서리 위에서 만난다. 이 기하학의 재미있는 결과 한 가지는 두 비탈이 만날 때, 예리한 불연속선이 없으면서 윤곽이 뚜렷한 산등성이가 생긴다는 사실이다. 이보다 덜 분명하긴 하지만 또 다른 성질도 이끌어 낼 수 있다. 한 분화구가 이웃 분화구와 만나며 생기는 산등성이의 형태에 관한 성질이다. 개념적으로 볼 때, 2개의 뒤집힌 원뿔은 동일한 임계각을 가지며 솟아오르므로, 원뿔의 꼭짓점들을 잇는 선의 수직 이등분선 위에서 수직으로 만나야 한다. 즉 산등성이는 보로노이 경계 바로 위에 놓인다. 원뿔을 수직면으로 자르면 어떤 형태가 나올까? 고대 그리스 인들도 알고 있었듯이, 그 답은 포물선이다(그림 72). 이 사실은 캘

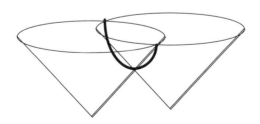

그림 72 캘런의 분화구들이 포물선 산등성이를 따라 만난다.

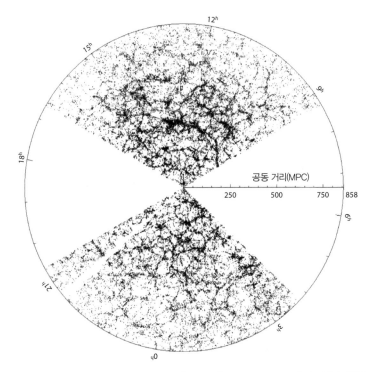

그림 73 거대한 빈 공간이 있는 은하 성단의 분포(공동 거리(comoving distance, 共動距離)란 팽창 중인 우주에서 천체가 있으리라고 추정되는 거리를 의미한다. 메가파섹(megaparsec, MPC)은 은하의 거리를 다루는 단위로서 1MPC는 10^6파섹, 약 326만 광년이다. — 옮긴이)

런 풍경 작품의 꽤 들쭉날쭉한 속성을 설명하는 데 도움이 된다. 왜냐하면 3개의 보로노이 세포가 만날 때 가파르게 솟아오르는 3개의 포물선이 교차되는 모습이 관찰되기 때문이다.

은하 성단과는 어떤 관련성이 있을까? 천문학자들은 우주 내의 물질이 균일하게 퍼져 있지 않고 덩어리를 이루면서 거대한 빈 공간 주위를 느슨한 실타래가 감싸고 있는 것과 같은 모양을 형성한다는

미로 속의 암소

사실을 발견했다(그림 73). 이 과정의 이론적 모형에 3차원 공간 상의 보로노이 세포가 관련되는데, 다만 캘런의 구멍이 점 질량으로 대체된다. 평면에서 한 쌍의 점을 수직 이등분하는 것은 직선이지만, 공간에서는 평면이다. 모든 점 쌍에 대해 이러한 수직 이등분면을 그리고, 한 주어진 점의 보로노이 세포가 그 점을 둘러싸면서 이 면들의 일부와 경계를 이루는 최소한의 볼록한 영역이 되도록 하자. 우주의 물질 분포에 관한 유명한 '보로노이 거품' 모형에서는 은하들이 이웃하는 보로노이 세포 사이의 경계에서만 발생한다.

캘런의 풍경 작품 속의 시멘트 가루의 분포에도 이와 유사한 점이 있다. 엄밀하지 않고 느슨하지만 그래도 설명에 도움이 된다. 그의 작품에서 시멘트는 보로노이 경계를 따라 가장 높이 쌓인다. 우주 공간과 비슷한 성질은 물질이 그런 경계를 따라 **가장 밀도가 크다**는 점이다. 중력으로 인해 물질의 밀도가 더 큰 영역은 이웃 물질을 자기 쪽으로 끌어당기므로, 보로노이 경계를 따라 물질은 더욱 더 조밀하게 집적된다. 만약 캘런의 시멘트에 알갱이들 사이의 마찰 저항을 넘는 중력을 가하면 시멘트를 구성하는 알갱이들도 우주의 물질들과 마찬가지로 보로노이 경계에 의해 결정된 거품형의 다각형 망 위에 모이게 될 것이다. 지금껏 알아본 것처럼, 이런 단순한 아이디어가 흥미로운 예술, 아름다운 수학, 우주 내의 물질의 분포에 관한 심오한 물리학을 압축해서 담고 있다.

원래 나는 캘런의 풍경 작품을 '이미 알려진 세상'에서 발견되는 어떤 것과도 다르다고 묘사했다. 하지만 그런 표현을 수정했다. 왜냐하면 그 풍경 조각은 NASA의 히페리온 표면 이미지와 신기하리만큼 닮았기 때문이다(그림 74). 히페리온은 토성의 여러 위성들 중 하나이다. 토성의 위성들은 내

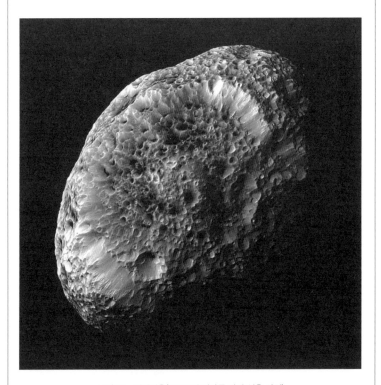

그림 74 히페리온(NASA의 허가를 받아 실은 사진)

미로 속의 암소

가 이 글을 쓰고 있는 지금까지 61개가 발견되었으며 53개는 공인되어 공식 명칭이 주어졌다. 히페리온은 먼지로 뒤덮인 스펀지고 그 먼지는 아래에 있는 바위 속의 구멍 속으로 미끄러져 내려갔다고 볼 수 있을까? 이 위성은 낮은 중력 때문에 임계각이 매우 가파른데, 이런 점은 이 위성의 사진과 일치하는 듯 보인다.

웹사이트

보로노이 다이어그램

http://en.wikipedia.org/wiki/Voronoi_diagram
http://mathworld.wolfram.com/VoronoiDiagram.html

콜레라 전염병

http://en.wikipedia.org/wiki/john_Snow_(physician)

18

매듭에 도전하면
새로운 수학이
열린다!

위상 기하학이 매듭에 관해 보통 갖고 있는 관점은
끈의 두께나 마찰의 존재와 같은 매듭의 실제적인
측면들을 간과한다. 이런 특성들을 염두에 두고
실제 밧줄을 매듭지어 보면 새로운 이론이 시작된다.

매듭에 관한 수학이 소수의 호기심에서 주요 연구 분야로 바뀐 것은
한 세기가 채 되지 않는다. 이제 이 분야는 주류 수학의 선봉에 서
있다. 순수한 관점에서 볼 때 매듭에는 위상 기하학의 큰 문제 중 하
나, 즉 한 기하학적 형태를 다른 형태 속에 위치시키는 서로 다른 방
법들을 이해하는 문제가 깃들어 있다. 매듭의 경우, 앞 문장의 한 기
하학적 형태란 바로 끈의 닫힌 고리인 원을 말하고 다른 형태란 3차
원 공간 전체를 말한다. 위상 기하학자들의 관점에서 보자면, 매듭은
3차원 공간 속에 '끼어 있는' 원이다. 주위의 3차원 공간을 연속적으

로 변형시켜도 풀 수 없게끔 끼어 있는 원인 것이다.

이 설명은 일상 생활의 경험과는 조금 동떨어져 있다. 그도 그럴 것이, 보통의 끈 조각은 끝이 있어서 공간이 아니라 그 끈을 변형시킬 수 있기 때문이다. 일상 생활과 조금 동떨어져 있기는 하지만, 매듭이 3차원 공간 속에 끼어 있는 원이라는 설명은 애덤스의 『매듭 책(The Knot Book)』이 보여 주듯이 매듭의 '매듭성'을 잘 포착하고 있다. 하지만 매듭의 어떤 실제적인 측면들은 위상 기하학적 이론 구성으로 잘 환원되지 않으며, 적절한 관심사는 바로 서로 다른 길이를 가진 두 끈의 매듭짓기에 관한 질문이다. 여기서 중요한 기준은 끈의 양끝을 잡아당겨도 이음매가 미끄러지지 않아야 한다는 것이다. 표면 마찰과 끈의 재료가 여기에 영향을 미치긴 하지만, 이에 관한 전반적인 문제를 다루려면 새로운 방법이 필요하다.

여기에 관한 수학적 이론이 시작되고 있는데, 특히 취미 수학자들이 발전시키기에 적합한 내용이다. 그 이론은 캔버라의 오스트레일리아 국립 대학교에 있는 로저 마일스(Roger E. Miles)가 알아낸 것으로 『대칭적 벤드(Symmetric Bends)』에 설명되어 있다. '벤드(bend)'란 선원들이 밧줄들을 매듭짓는 방법을 가리키는 용어로, 배에 돛이 달려 있고 배 안의 모든 것들이 나무나 밧줄로 만들어지던 시대에 사용되었다. 아직도 돛단배 마니아들이 사용하는 방법이기도 하다. 마일스의 주요 목표는 벤드의 기하학을 체계적으로 분류해 원하는 성질을 가진 새로운 벤드를 찾을 수 있도록 하는 것이다. 특정한 벤드가 장력을 받을 때 미끄러짐에 견디는 저항의 크기는 그 벤드를 묶어서 어떻게 되는지 알아봄으로써 실험적으로 알아낼 수 있다. 그 결과를 통해, 끈에 관한 수학과 더불어 끈을 자기들끼리 감거나 서로

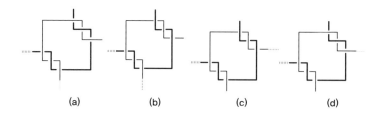

그림 75 네 가지 기본 벤드. (a) 참매듭, (b) 세로매듭, (c) 왓낫(whatnot) 매듭, (d) 도둑 매듭. 자유로운 끝단(실선) 그리고 다른 끈과 이어져 있는 열린 끝단(점선) 사이의 차이에 주목하자.

다른 끈끼리 감아서 만들 수 있는 복잡한 형태들에 관한 새로운 관점을 얻을 수 있다.

가장 단순하면서도 가장 잘 알려진 벤드는 참매듭(reef, 암초 매듭)이다(그림 75a). 이런 다이어그램을 그릴 때, 잘 알다시피, 선의 잠시 끊어진 부분은 어느 끈이 어느 끈 위로 지나가야 하는지를 가리킬 뿐 선 자체가 끊어진 것은 아니다. 한 끈은 얇은 선으로 그려져 있고 다른 끈은 굵은 선으로 그려져 있다. 마일스는 휜 곡선 대신에 수평선과 수직선만을 사용하는 것을 옹호하는데, 그 이유는 여러 가지이다. 그런 선들이 그리기 쉽고 이해하기 쉬울 뿐만 아니라 각 형태의 대칭성(존재한다면)을 더 잘 나타낸다. 각 끈에는 하나의 '자유로운' 끝단(거기가 끈의 마지막이다.)과 어딘가로 이어지는 점선으로 표현된 하나의 '고정된' 끝단이 있다. 이 다이어그램에는 두 종류의 교차, 즉 굵은 선이 얇은 선 위로 가는 교차와 얇은 선이 굵은 선 위로 가는 교차가 존재한다. 더 복잡한 벤드에는 굵은 선이 굵은 선 위로 가는 교차와 얇은 선이 얇은 선 위로 가는 교차도 있다.

참매듭은 걸핏하면 세로매듭(granny, 할머니 매듭)과 혼동된다(그림 75b). 전통적인 매듭 이론에서는 자유로운 끝단이 존재하지 않고 모든 부분이 고리 속으로 연결되어 있기에, 어떤 매듭도 참매듭과 세로매듭과는 밀접한 관련이 없다. 이런 상황은 벤드에서는 전혀 다름을 금세 알 수 있다. 왜냐하면 참매듭과 세로매듭과 다른 — 하지만 어느 쪽을 자유로운 끝단으로 선택할지만 다른 — 두 가지 추가적인 벤드가 있기 때문이다. 이들이 바로 왓낫 매듭과 도둑 매듭이다(그림 75c, 75d).

이 네 가지 '기본 벤드'는 가장 단순한, 즉 교차가 가장 적은 것들이다. 끈이 미끄러지지 않게 해 주는 마찰이 교차 지점에서 어느 정도 일어나는데, 직관적으로 생각해 볼 때, 항상 그렇지는 않지만 더 복잡한 벤드일수록 더 안전하다고 기대할 수 있다. 왜냐하면 안전한지의 여부는 순차적으로 교차된 부분들이 3차원 공간에서 어떻게 서로 들어맞는지에 따라 정해지기 때문이다. 네 기본 벤드들은 전부 매우 불안전해서 끝을 당기거나 변형시키면 분리된다. 이 벤드들이 분리되는 방법을 살펴보면 다음과 같은 유용한 사실이 드러난다. 즉 한 끈이 비록 완전히는 아닐지라도 펴진 다음, 다른 끈의 고리 속으로 미끄러져 들어간다.

기본 벤드들에는 흥미로운 수학적 성질인 대칭성도 있다. 이 네 벤드들은 세 가지 중요한 대칭 조작을 나타낸다(그림 76). 왼쪽 아래에서 오른쪽 위로 향하는 대각선을 고정한 채로 참매듭을 젖히면, 색깔(굵은 선/얇은 선)만 교체될 뿐 똑같은 모양이 나타난다. 세로매듭도 마찬가지이다. 왓낫 매듭도 종이 면에 수직인 축을 중심으로 180도 회전하면 색깔을 제외하고 똑같은 모습이다. 마지막으로 도둑 매듭은 3차원 공간의 '중심 반전'과 대칭을 이룬다. 이것은 모든 점

미로 속의 암소

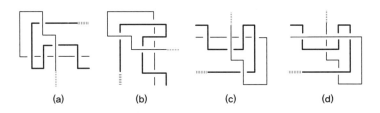

그림 76 세 가지 대칭 조작. (a) 원래 모양, (b) 대각선 젖힘, (c) 180도 회전, (d) 중심 반전.

을 원점에서부터 거리는 같지만 방향이 반대편에 있는 동일한 선 위의 점으로 대응시키는 변환이다. 즉 (x, y, z) 좌표의 점이 $(-x,-y,-z)$ 좌표의 점으로 대응되는 변환이다. 실제 끈으로 이 벤드들을 만들어 조심스럽게 균등하게 팽팽하게 만들면, 그 결과 생긴 벤드들은 동일한 대칭을 갖게 된다.

물론 더 복잡한 벤드들도 있다. 실제로 마일스가 대칭 벤드에 관심을 갖게 된 것은 1990년에 '리거 벤드(rigger's bend)'를 알게 되면서부터였다고 한다(그림 77). 리거 벤드도 180도 회전 대칭을 갖고 있다. 1978년에 이것을 발견한 에드워드 헌터(Edward Hunter) 박사의 이름

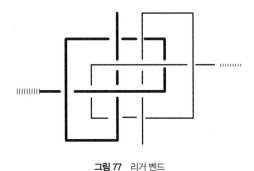

그림 77 리거 벤드

을 따서, 종종 '헌터 벤드'라고도 한다. 당시에는 새로운 것이라고 여겼지만(이 주제에 관한 바이블인 『애슐리의 매듭 책(*Ashley Book of Knots*)』에 없던 것이었다.), 미국인 등반가인 필 스미스(Phil Smith)가 1956년에 발간한 『등반용 매듭(*Knots for Mountaineering*)』에서 이 매듭을 찾을 수 있다. 마일스는 1989년 샌프란시스코에서 구입한 마리오 비곤(Mario Bigon)과 귀도 레가초니(Guido Regazzoni)의 『매듭에 관한 내일의 가이드(*The Morrow Guide to Knots*)』라는 책에서 이 매듭을 처음 만났다. 우연의 일치이겠지만, 스미스가 리거 벤드를 만들었던 곳도 1943년 샌

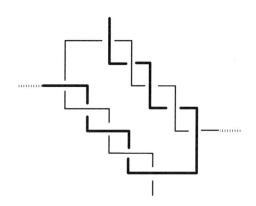

그림 78 일반화된 도둑 매듭

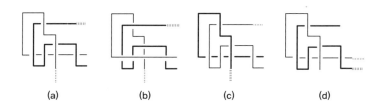

(a)   (b)   (c)   (d)

그림 79 추가적인 세 가지 대칭 조작. (a) 원래 형태, (b) 거울 영상(종이 면에 비친 형태), (c) 색상 교환, (d) 반전.

미로 속의 암소

프란시스코 해안이었다.

이 세 가지 유형의 대칭(대각선 젖힘, 회전, 중심 반전)을 바탕으로 마일스는 대칭적인 벤드를 연구하고 실제로 고안하는 공식을 개발했다. 이런 방식으로 발견된 전체 벤드 군의 한 예가 일반화된 도둑 매듭이다(그림 78). 하지만 이것이 전부가 아니다. 3차원 공간 속의 벤드에 행할 수 있는 대칭 조작은 다음과 같이 세 가지가 더 있다(그림 79).

> **거울 영상**: 벤드를 거울에 비친 형태. 2차원 다이어그램에서는 거울이 종이 면에 있으므로 모든 교차선의 교차점들이 아래위가 뒤집히는 결과가 나타난다.
>
> **색상 교환**: 굵은 선과 얇은 선이 서로 바뀐다.
>
> **반전**: 굵은 선의 고정된 끝단과 자유로운 끝단이 서로 바뀌는 동시에 얇은 선의 고정된 끝단과 자유로운 끝단이 서로 바뀐다.

이 조작들은 어느 것이나 중심 대칭 벤드는 중심 대칭 벤드로, 회전 대칭 벤드는 회전 대칭 벤드로 바꾼다.

이런 부류의 벤드 가운데 훌륭한 모범이 '중복해서 엮은 8자 벤드', 다른 말로 '플레미시 벤드'이다(그림 80). 첫 번째부터 네 번째까지의 다이어그램은 각각 플레미시 벤드, 이것의 거울 영상, 반전, 거울 영상의 반전이다. 이 네 가지 다이어그램은 모두 회전 대칭이다. 다섯 번째 다이어그램은 다른 대칭, 즉 중심 대칭이다. 하지만 이 다섯 가지 다이어그램은 전부 위상 기하학적으로 등가이다. 즉 이들은 연속적으로 조작하면 서로 다른 것이 될 수 있다! 이런 점을 가장 쉽

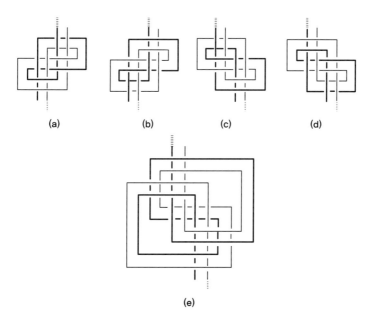

그림 80 (a)플레미시 벤드, (b)거울 영상, (c)반전, (d)거울 영상의 반전, (e)카멜레온.

게 알아보려면 다섯 번째 다이어그램을 다른 다이어그램 각각으로 바꾸면 된다. 이 방법을 찾는 재미는 여러분에게 맡긴다. 이 사례에서 드러나듯이, 위상 기하학적 변형이 벤드의 대칭 유형을 바꿀 수 있기에 마일스는 다섯 번째 다이어그램에 '카멜레온'이라는 이름을 붙였다.

마일스의 책에는 60개의 대칭 벤드 목록이 들어 있는데, 이들 중 일부가 그림 81에 나와 있다. 마일스는 이렇게 묻는다. "'최상의' 대칭 벤드가 존재하는가?" 그의 대답은 "그렇지 않다."이다. 벤드의 매력은 여러 기준에 따라 달라지기 때문이다. 이러한 기준의 예로 묶기 쉬운 정도, 올바르게 묶였는지 확인하기 쉬운 정도, 자유로운 끝

　　　　　　　　　　　　　　　　　미로 속의 암소

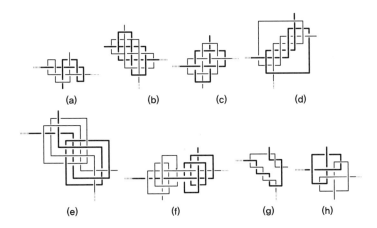

그림 81 여덟 가지 벤드. (a) 꽉 조인 벤드. (b)트위들디(Tweedledee). (c) 왕관 벤드. (d)삼엽. (e)트위들덤(Tweedledum). (f)포도덩굴 매듭. (g)외과 의사의 매듭. (h)중추 매듭.

단을 길거나 짧게 조절하기 쉬운 정도, 꽉 조이는 성질, 밀침이나 당김에 저항하는 성질, 작은 부피로 꽉 뭉치는 성질, 유선형의 정도, 강도, 풀기 쉬운 정도, 아름다움, 카리스마 …… 등이 있다.

주류 수학은 매듭에 관한 더욱 기하학적인 이론을 찾고자 한다. 하지만 방법은 조금 다르다. 매듭을 위상 기하학적으로 연구하는 일반적인 방법은 불변량, 즉 변형을 해도 변하지 않는 성질을 갖는 양을 이용하는 것이다. 불변량이 서로 다른 두 매듭은 위상 기하학적으로 분명히 서로 다른 매듭이다. 최초의 중요한 불변량은 1920년대에 제임스 워델 알렉산더(James Waddell Alexander)가 발견한 알렉산더 다항식이었다. 이것은 임의의 매듭과 관련된 대수식인데, 알렉산더 다항식이 서로 다른 매듭끼리는 어느 하나를 변형해 다른 매듭으로 바꿀 수 없다. 안타깝게도 알렉산더 다항식이 동일한 매듭이라고 해서 위상 기하학적으로 반드시 등가인 것은 아니다. 가장 단순한 예로 참매듭과 세로매듭을 들 수 있다. 최근에 알려진 위상 기하학적 불변량인 존스 다항식은 알렉산더 다항식이 등가가 아님을 밝히는 데 실패한 곳에서 종종 성공을 거둔다. 일례로 참매듭의 존스 다항식은 세로매듭의 존스 다항식과 다르다.

실이나 끈 대신 좀 더 단단한 재료로 매듭의 '끈'을 만들어 보면서 수학자들은 새로운 불변량을 발견했는데, 이것은 다항식이 아니라 수이다. 기본 아이디어는 1929년의 I. 파리(I. Fary)로까지 거슬러 간다. 한 매듭을 긴 고무끈으로 묶는다고 상상하자. 매듭이 복잡할수록 그 매듭을 묶으려고 고무끈을 더 많이 굽혀야 하므로, 매듭진 고무 끈은 더 많은 탄성 에너지를 갖게된다. 물질계는 에너지를 최소화하려고 한다. 따라서 에너지가 가능한 한 최소가 되려면 고무 끈이 어떤 형태이어야 하는지 우리는 물을 수 있다.

1987년 후쿠하라 신지(福原真二, Fukuhara Shinji)는 더 편리한 물리학 모형인 정전기 에너지가 있음을 알아냈다. 매듭을 고정된 길이를 갖는 유동적인 철사라고 생각하자. 이것은 필요하다면 자기 자신을 통과할 수 있고 정전기 에너지로 대전되어 있다. 전하가 서로 반발하듯이, 자유롭게 움직일 수 있는 매듭은 이웃 가닥들과 가능한 한 멀리 떨어지도록 자기 자신을 배열할 것이다. 정전기 에너지를 최소화하기 위해서이다. 1991년에 도쿄 도립 대학교의 준 오하라(Jun O'hara)은 매듭의 최소 에너지는 매듭이 복잡해질수록 커짐을 증명했다. 선택된 임의의 값 이하인 에너지를 가지면서 위상 기하학적으로 서로 다른 매듭의 개수는 유한하다. 즉 자연계에는 에너지가 낮으면 매듭이 단순하고 에너지가 점점 커지면 매듭이 복잡해지는 식으로 매듭의 복잡성에 관한 수치적 범위가 존재한다는 뜻이다.

가장 단순한 매듭은 무엇일까? 1993년에 네 명의 위상 기하학자, 스티븐 브라이슨(Steven Bryson), 마이클 프리드먼(Michael Freedman), 왕쳉한(王正汉, Wang Zhenghan), 허쳉쉬(贺正需, He Zheng-Xu)는 가장 단순한 '매듭은' 여러분이 예상하는 바로 그것임을 증명했다. 그것은 '둥근 원', 즉 보통의 원이다. 위상 기하학자들에게는 '원'이란 대체로 휘거나 비틀린 것을 의미하므로 그렇지 않은 원을 나타낼 때에는 '둥근'이라는 형용사를 덧붙여야 한다. 자연 단위로 표시할 때, 둥근 원의 에너지는 4이고 다른 모든 닫힌 고리들은 이보다 에너지가 더 높다. $6\pi+4$보다 작은 에너지를 갖는 고리는 어느 것이든 위상 기하학적으로 매듭져 있지 않다. 즉 원이다. 더욱 일반적으로 말하자면, 2차원상에서 c개의 교차를 갖는 매듭은 적어도 $2\pi c+4$의 에너지를 갖는다. 하지만 이론상의 이 하한보다 훨씬 큰 값도 존재한다. 예를 들어 교차가 3개인 삼엽 매듭의 가장 낮은 에너지는 약 74로서 최상의 값인 $6\pi+4=22.84$보다 훨씬 크기 때문이다. 에너지가 E 이하이면서 위상 기하학적으로 서로 다른 매듭의 개수는 많아야 0.264×1.658^E이다.

웹사이트

일반적인 내용

http://en.wikipedia.org/wiki/Knot

http://www.animatedknots.com/

http://www.layhands.com/Knots/Knots_KnotsIndex.htm

리거 벤드

http://en.wikipedia.org/wiki/Hunter%27s_bend

매듭 에너지

http://en.wikipedia.org/wiki/Knot_energies

19

가장 완벽한
마방진

조합론은 실제로 목록을 작성하지 않고서 어떤 것을
세는 기법이다. 대체로 그렇게 하는 까닭은 그 목록이
너무 커서 현재의 우주 속에 다 채울 수 없기 때문이다.
취미 수학 분야에서 아직 풀리지 않은 주요 문제 중
하나는 어느 특정 크기의 마방진을 세는 일이다. 한
중요한 정사각형 부류에 대해서는 이미 해답이 나와 있다.

마방진에 대해서는 이미 여러 차례 언급했지만, 그 개요를 알아보
자. 1부터 16까지의 연속된 정수를 4×4 배열로 정렬하되, 각 세로줄
의 네 숫자, 각 가로줄의 네 숫자, 두 대각선의 숫자들의 합이 모두 똑
같도록 구성하자. 만약 성공하면(그림 82가 성공한 예) 4차 마방진 하
나를 만든 것이며, 그 공통 합을 '마법수'라고 한다. 여기서는 마법수
가 34인데, 1~16의 정수들로 구성된 모든 마방진의 마법수도 틀림없
이 이 값이다. 1부터 25까지의 수를 5×5 배열에서 위와 똑같이 하면
5차 마방진이 생긴다. 이런 식으로 계속하면 된다. 마방진은 취미 수

1	15	14	4
12	6	7	9
8	10	11	5
13	3	2	16

그림 82 4×4 마방진. 모든 가로줄의 합, 세로줄의 합 그리고 대각선들의 합이 34이다. 게다가 중심점에 대해 마주 보는 수의 쌍들은 합이 전부 17이다.

학에서 인기 있는 주제인데, 이처럼 인기를 끌게 된 까닭은 마방진이 무궁무진하기 때문이다. 마방진에 관한 방대한 — 정말로 방대하기 그지없다 — 문헌에도 불구하고, 이 개념을 바탕으로 새로운 것을 이끌어 낼 수 있을 것 같다.

하지만 더 어려운 일은 이 주제에 관한 기본적인 수학에 새로운 근본적인 연구를 더해 단지 취미 수학을 넘어 주류 수학에 영향을 미치는 것이다. 그런 연구가 1998년에 데임 캐슬린 올러렌쇼(Dame Kathleen Ollerenshaw)와 데이비드 브리(David. S. Brée)가 쓴 『가장 완벽한 팬다이애거널 마방진: 만드는 법과 목록(*Most-Perfect Pandiagonal Magic Squares: Their Construction and Enumeration*)』이라는 책으로 발표되었다.

그 책에는 마방진에 관한 주요 미해결 문제 중 하나에 대한 최초의 의미심장한 부분적 해답이 제시되어 있다. 그 문제란 바로 어느 특정 차수의 마방진 개수가 몇 개인지를 세는 것이다. 그들이 내놓은 주된 결과는 특정 차수의 이른바 '가장 완벽한' 마방진의 개수에 관한 명시적인 공식과 더불어 그러한 마방진을 전부 만드는 체계적인 방법이다. 이것이 쉬운 문제로 보인다면, 12차의 그러한 마방진의 개수가 220억 개 이상이며 36차일 때는 대략 2.7×10^{44}개임을 알면 생각이 달라질 것이다. 마방진을 일일이 적어놓고 '1, 2, 3, …'으로 부르면서 '셀' 수는 없다는 말이다.

그들의 연구는 목록을 작성하지 않고서 어떤 것을 세는 기법, 즉 조합론이라고 알려진 수학 분야에 속한다. 그 결과는 실질적인 의미를 가질 수도 있다. 실제로 그들은 원래 8×8 마방진을 사진 복제와 영상 처리에 응용하기 위해 연구를 시작했다.

이 연구의 주목할 만한 특징은 그 배경, 즉 두 저자 중 어느 누구도 전문적인 수학자가 아니라는 것이다. 데임 캐슬린(교육에 대한 기여로 1971년에 상을 받았다.)은 2009년 10월에 97세가 되었는데, 그녀는 대부분의 직장 경력을 교육과 더불어 고위 대학 행정직으로 보냈다. 동료인 브리는 경영학, 심리학 그리고 최근에는 인공 지능 관련 일을 해 왔다.

수학적인 목적을 위해서는, 전통적인 1, 2, 3, …, n^2보다는 0, 1, 2, …, n^2-1의 정수로부터 n차의 마방진을 만드는 것이 더 편리하다. 두 저자의 책과 이번 장도 그러한 관례를 따른다. 수학자의 마방진의 모든 항목에 1을 더하면 전통적인 마방진이 얻어지고, 반대로 전통적인 마방진의 모든 항목에서 1을 빼면 수학자의 마방진이 얻어진다. 따라서 두 관례 사이에는 마법수를 제외하고는 본질적인 차이가 없다. 두 관례 사이에 마법수는 n만큼 더 크거나 작다.

n차의 전통적인 마방진의 마법수는 $1/2n(n^2+1)$이다. n차의 수학적인 마방진의 마법수는 $1/2n(n^2-1)$이다. 그리고 1차 마방진은 단 하나 존재한다. 즉

0

2차 마방진은 존재하지 않는다(마방진이 존재하지 않는 유일한 차수이다.). 왜냐하면 2차에서는 어쩔 수 없이 네 항의 숫자가 모두 같아야 하기 때문이다. 3차 마방진은 8개이지만 이들은 전부 아래의 한 마방진의 회전 또는 반사 형태이다.

```
1  8  3
6  4  2
5  0  7
```

이것의 마법수는 12이다. 분명히 한 마방진의 회전 또는 반사 형태는 마방진이므로 3차의 모든 마방진은 '본질적으로 동일하다.' 중국 전설에 따르면, 위에 나온 마방진의 '전통적인' 버전(1~9의 숫자를 사용한 것으로서 「낙서(落書)」라고 알려진 마방진)이 등장한 것은 기원전 약 2400년으로 거슬러 올라간다. 당시 전설 속의 우(禹) 임금이 거북의 등에 그려진 모양을 보고 그린 것이라고 한다. 학자들은 이 시기가 의심스럽다고 여기는데, 기원후 1000년이 더 타당할 것이다.

4차에서는 본질적으로 서로 다른 마방진이 880개, 5차에서는 놀랍게도 2억 7530만 5224개이며 이후로 차수가 높아지면서 개수가 폭발적으로 커진다. 정확한 공식은 알려져 있지 않다. '본질적으로 다른'이란 말은 '회전과 반사는 무시한다.'는 뜻이다.

추가적인 조건을 부과하면 새로운 발전이 이루어진다. 우리의 목적상 가장 자연스러운 추가 조건은 마방진이 팬다이애거널(pandiagonal)이어야 한다는 것이다. 즉 모든 '끊어진 대각선'도 합이 그 마방진의 마법수와 같아야 한다는 뜻이다. (끊어진 대각선은 한 모서리에서 맞은편 모서리로 '휘감는다'. 그림 83) 팬다이애거널 마방진의 한 예는 다음과 같다.

```
 0  11   6  13
14   5   8   3
 9   2  15   4
 7  12   1  10
```

마법수는 30이다. 여기서 전형적인 끊어진 대각선은 11+8+4+7과 11+14+4+1인데 이 둘은 정말로 똑같이 30이다. 4차 팬다이애거널 마방진은 본질적으로 다른 것이 48개이며, 5차일 경우에는 3600개이다.

3차에는 팬다이애거널 마방진이 존재하지 않는다. 가령 8+2+ 5=15로서 12가 아니다. 더욱 일반적으로, 앤드루 홀링워스 프로스트

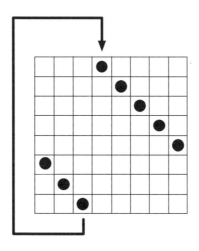

그림 83 끊어진 대각선

(Andrew Hollingworth Frost)는 1878년에 짝수 차 팬다이애거널 마방진은 반드시 '중복 짝수', 즉 4의 배수임을 증명했다. 이보다 더 능숙한 증명은 1919년에 찰스 플랑크(Charles Planck)가 내놓았다. 올러렌쇼와 브리의 책을 참고하기 바란다. 홀수 차수의 팬다이애거널 마방진은 3보다 큰 모든 차수에서 존재한다.

1897년에 에머리 매클린톡(Emory McClintock)이 명명한 '가장 완벽한 마방진'은 훨씬 더 제한되어 있다. 이것은 팬다이애거널 마방진일 뿐만 아니라 다음 성질도 갖고 있다. 즉 이웃한 항들로 이루어진 임의의 2×2 블록은 모두 합이 $2n^2-2$로서 같다. 여기서 n은 차수이다. 여기에는 한쪽 모서리에서 맞은 편 모서리로 '휘감는' 2×2 블록도 포함된다. 밝혀진 바에 의하면, 이런 성질의 2×2 블록을 갖는 마방진은 어느 것이든 반드시 팬다이애거널 마방진이지만, 그 역은 성립하지 않는다.

위에 나왔던 4차 마방진은 가장 완벽하다. 가령 0+11+14+5=30이고 8+3+15+4=30이며 나머지 네 항의 합도 마찬가지이다. 한 모서리에서 휘감는 2×2 블록의 예는 3, 4, 14, 9이다.

규모를 훨씬 더 키워 보면, 그림 84에 나오는 12차 마방진도 가장 완벽하다.

올러렌쇼와 브리의 마방진 개수 세기 방법의 핵심은 가장 완벽한 마방진과 '가역(reversible) 정사각형 배열'의 관련성이다. 이것이 무언지 설명하려면 전문 용어를 이해할 필요가 있다. 일련의 정수들이 있을 때, 순서를 거꾸로 나열한 정수들과 원래 정수들을 차례로 대응시킨 숫자 쌍의 합이 모두 똑같으면, 그 정수들은 가역 유사성이 있다고 한다. 가령 1 4 2 7 5 8은 가역 유사성이 있다. 왜냐하면 이것

64	92	81	94	48	77	67	63	50	61	83	78
31	99	14	97	47	114	28	128	45	130	12	113
24	132	41	134	8	117	27	103	10	101	43	118
23	107	6	105	39	122	20	136	37	138	4	121
16	140	33	142	0	125	19	111	2	109	35	126
75	55	58	53	91	70	72	84	89	86	56	69
76	80	93	82	60	65	79	51	62	49	95	66
115	15	98	13	131	30	112	44	129	46	96	29
116	40	133	42	100	25	119	11	102	9	135	26
123	7	106	5	139	22	120	36	137	38	104	21
124	32	141	34	108	17	127	3	110	1	143	18
71	59	54	57	87	74	68	88	85	90	52	73

그림 84 12차의 가장 완벽한 마방진

의 순서를 거꾸로 하면 8 5 7 2 4 1이며 대응되는 수들의 합은 1+8, 4+5, 2+7, 7+2, 5+4, 8+1로서 이 경우에는 모두 9이다. 차수 n의 **가역 정사각형** 배열은 정수 $0, 1, 2, \cdots, n^2-1$로 이루어진 $n \times n$ 배열로서 다음 성질을 갖는다.

- 모든 가로줄은 가역 유사성을 갖는다.
- 모든 세로줄은 가역 유사성을 갖는다.
- 어느 직사각형 블록의 서로 맞은 편 구석에 있는 항들의 합은 같다.

예를 들어 정수들을 왼쪽에서 오른쪽으로 오름차순으로 배열한 아래 정사각형 배열은

```
0   1   2   3

4   5   6   7

8   9   10  11

12  13  14  15
```

가역이다. 가령 세 번째 가로줄에서 8+11=9+10, 10+9=11+8=19이며,
이런 패턴은 다른 모든 세로줄과 모든 가로줄도 마찬가지이다(합이
19가 아니기는 하지만). 게다가 5+11=7+9와 1+15=3+13은 세 번째 조건
을 충족시킨다. 12차의 큼직한 가역 정사각형 배열이 그림 85에 나
와 있다.

가역 정사각형 배열은 앞의 예처럼 일반적으로 마방진이 아니

64	51	81	49	48	66	65	83	82	50	80	67
28	15	45	13	12	30	29	47	46	14	44	31
24	11	41	9	8	26	25	43	42	10	40	27
20	7	37	5	4	22	21	39	38	6	36	23
16	3	33	1	0	18	17	35	34	2	35	19
72	59	89	57	56	74	73	91	90	58	88	75
68	55	85	53	52	70	69	87	86	54	84	71
124	111	141	109	108	126	125	143	142	110	140	127
120	107	137	105	104	122	121	139	138	106	136	123
116	103	133	101	100	118	117	135	134	102	132	119
112	99	129	97	96	114	113	131	130	98	128	115
76	63	93	61	60	78	77	95	94	62	92	79

그림 85 12차 가역 정사각형 배열

미로 속의 암소

다. 하지만 올러렌쇼와 브리가 밝혀낸 바에 따르면, 중복 짝수 차수의 가역 정사각형 배열은 모두 특정한 절차에 따라 가장 완벽한 마방진으로 '변환될' 수 있으며, 가장 완벽한 마방진은 모두 이런 방식으로 생긴다.

앞의 예로 이 방법을 설명해 보자. 단계는 다음 세 가지이다.

1. 각 세로줄의 오른쪽 절반에 대해 순서를 바꾼다.

0	1	3	2
4	5	7	6
8	9	11	10
12	13	15	14

2. 각 세로줄의 아래쪽 절반에 대해 순서를 바꾼다.

0	1	3	2
4	5	7	6
12	13	15	14
8	9	11	10

3. 훨씬 복잡한 단계! 4차의 경우 이렇게 설명할 수 있다. 정사각형을 2×2 블록으로 나눈다. 그림 86에 나와 있는 대로 그러한 각 블록의 네 항을 이동시킨다. 즉 각 블록의 윗줄 왼쪽 항은 그대로 두고 윗줄 오른쪽 항은 대각선상으로 두 칸 움직이고, 아랫줄 왼쪽 항은

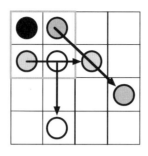

그림 86 가역 정사각형 배열을 마방진으로 변환하기

오른쪽으로 두 칸 움직이고 아랫줄 오른쪽 항은 두 칸 아래로 움직
인다. 4×4 사각형의 모서리 밖으로 떨어지는 것이 있다면 '그 모서
리를 휘감아서' 가야 할 곳에 놓는다. 일반적인 n차의 경우에는 수
학 공식에 의해 표현되는 비슷한 방법이 있다. 아무튼 이 세 단계
를 적용한 결과는 다음과 같다.

0	14	3	13
7	9	4	10
12	2	15	1
11	5	8	6

확인해 보면 틀림없이 가장 완벽한 마방진이다.

    임의의 중복 짝수 차수에 대해 가장 완벽한 마방진과 가역 정사
각형 배열 사이의 일대일 대응을 통해, 이 일반적 유형을 변환하는
과정이 존재한다. 따라서 어느 특정한 중복 짝수 차수의 가장 완벽
한 마방진이 몇 개인지는 가역 정사각형 배열이 몇 개인지 세면 알

수 있다.

언뜻 보기에 문제의 성질을 그렇게 바꾼다고 해서 대단한 효과가 있을 것 같지는 않지만, 가역 정사각형 배열은 그 개수를 체계적으로 셀 수 있게 해 주는 여러 가지 훌륭한 특징을 갖고 있다. 특히 가역 정사각형 배열은 자연스레 여러 부류로 나누어진다. 각 부류 내의 모든 구성 요소들은 '회전', '반사', '상보형 가로줄 쌍의 교환' 그리고 몇 가지 더 복잡한 이동과 같은 다양한 변환에 의해 서로 관련되어 있다. 그러한 한 부류의 모든 구성 요소들을 만들려면, 단 하나의 구성 요소를 만든 다음에 기계적으로 변환을 적용하면 된다. 게다가 각 부류는 특수한 정사각형 배열을 정확히 하나 포함하고 있는데, 이것을 '으뜸' 정사각형 배열이라고 한다. 이 배열에서는 맨 위의 가로줄은 0 1로 시작하고 임의의 가로줄이나 세로줄의 정수들은 오름차순이다. 따라서 **그것**만 찾으면 된다.

마지막으로 각 부류는 크기가 같다. 실제로 한 특정한 정사각형 배열의 회전과 반사 형태는 '본질적으로 동일한' 배열로 헤아리기에 그러한 정사각형 배열들은 서로 구별하지 않는다. 그리고 증명된 결과에 따르면, 임의의 부류의 본질적으로 다른 정사각형 배열의 개수는 다음과 같다.

$$2^{n-2}([n/2]!)^2$$

여기서 느낌표는 '계승'을 가리킨다. 예를 들어 $6!=6 \times 5 \times 4 \times 3 \times 2 \times 1 = 720$이다. 이제 특정한 차수의 으뜸 가역 정사각형 배열의 개수를 센 다음, 그 수에 바로 위에 적은 식을 곱하기만 하면 된다. 그 결과가 해당 차수의 본질적으로 서로 다른 가장 완벽한 마방진의 개수이다.

으뜸 가역 정사각형 배열의 개수도 공식으로 나타낼 수 있지만 꽤 복잡하다. 이 공식을 찾고 증명하려면 조합론 속으로 더 깊이 들어가야 한다. 따라서 여기서 그치도록 하고 다만 중복 짝수 차수 $n = 4, 8, 12, 16$에 대해 본질적으로 다른 가장 완벽한 마방진의 개수는 각각 48, 368, 640, 2.22953×10^{10}, 9.32243×10^{14}이다. 마지막 두 수는 여기서 대략의 값이지만 정확히 계산할 수 있다. 한편 144차의 본질적으로 다른 가장 완벽한 마방진의 개수는 4.34616×10^{254}인데, 여러분이 정말로 원한다면 255자리의 숫자들을 전부 적을 수 있다 (그러려면 컴퓨터의 도움이 필요하다.).

미로 속의 암소

뉴저지 대학교의 톰 헤이지던(Tom Hagedorn)이 신비한 직사각형(magic rectangle, 마방진은 영어로 magic square — 옮긴이)에 관한 논문 두 편을 보내왔다. 신비한 직사각형은 $m \times n$ 숫자 배열로서 1부터 mn까지의 정수로 채워져 있으며 모든 가로줄의 합이 서로 같고 모든 세로줄의 합이 서로 같다. 가로줄의 합이 세로줄의 합과 같을 필요는 없다. 사실 m과 n이 다르면 세로줄의 합과 가로줄의 합이 같기는 불가능하다. 게다가 대각선은 무시된다. 1세기 이전부터 알려진 바에 따르면, 신비한 직사각형은 m과 n이 홀짝성이 같고(즉 둘 다 짝수이거나 둘 다 홀수) 1보다 크며 둘 다 2가 아니기만 하면 언제나 존재한다. 헤이지던은 이 개념을 고차원으로 일반화시켜 n차원 '직사각형'의 모든 면들이 짝수이면 신비한 직사각형이 존재함을 증명했다.

홀수인 경우는 더 어렵다. 1999년에 내가 그 칼럼을 썼을 때는 3×5×7 신비한 직사각형이 존재하는지가 알려져 있지 않았다. 즉 1부터 105까지의 수를 3×5×7 격자에 하나씩 채우는데, 수평 가로줄(horizontal row)들

2	41	89	63	70
57	31	94	29	54
59	40	38	93	35
78	34	9	45	99
85	48	18	92	22
11	76	67	24	87
79	101	56	25	4

55	37	20	91	62
83	46	26	100	10
16	105	33	8	103
74	64	53	42	32
3	98	73	1	90
96	6	80	60	23
44	15	86	69	51

102	81	50	5	27
19	82	39	30	95
84	14	88	58	21
7	61	97	72	28
71	13	68	66	47
52	77	12	75	49
35	43	17	65	104

그림 87 3×5×7 신비한 직사각형

의 합이 모두 같고 수평 세로줄(horizontal colum)들의 합이 모두 같고 수직 세로줄(vertical colum)의 합이 모두 같도록 할 수 있을까? 이 세 합끼리는 서로 다를지 모른다(분명 서로 다르다!). 이 문제는 2004년까지 풀리지 않고 있다가 그해에 나카무라 미쓰토시(Nakamura Mitsutoshi)가 그러한 배열을 찾아냈다(그림 87).

웹사이트

일반적인 내용

http://en.wikipedia.org/wiki/Magic_square

http://mathworld.wolfram.com/MagicSquare.html

http://www.trump.de/magic-squares/

20

그럴 리가
없다!

각을 삼등분하거나 원을 동일한 넓이의 정사각형으로
바꾸는 것은 성가신 문제인 편이다. 이에 관한 연구를
제출하는 수학자들은 다음 두 가지 입장으로 갈린다.
(a) 잘못된 문제이다, (b) 아니다, 오류를 찾아내지 못했다.
그러니 충분히 성가실 만하다. 또한 아주 정당하면서
전적으로 타당한 반응이기도 하다. 수학에서 여러분은
어떤 명제의 부정을 증명할 수 있다.

일상 생활에서 우리가 어떤 것이 불가능하다고 말하더라도 진짜 그
런 뜻으로 말하지 않을 때가 종종 있다. 즉 문자 그대로 절대적으로
불가능하다고 보지는 않는 것이다. 대신에 그런 것을 얻을 방법을 모
른다는 뜻으로 하는 말이다. 많은 사람들은 공기보다 무거운 기계가
나는 것이 불가능하다고 여겼으며, 그 이전에는 많은 사람들이 물보
다 무거운 기계가 뜨는 것이 불가능하다고 여겼다. 다시금 우리가 역
사에서 배운 바가 없음이 드러난다. 인간의 창의성은 불가능해 보이
는 일을 종종 극복해 내기도 한다. 하지만 일상생활에서 우리는 어

떤 것이 불가능하다고 확신할 수 있다. 가령 인간이 도구의 도움 없이 물속에서 1년 동안 생존하기는 불가능하다. (적절한 장비가 있다면 달라진다.) 그리고 대부분의 사람들은 불가능하다고 여기지만 어떤 사람들은 확실히 가능하다고 믿는 회색 영역도 존재한다. 다른 사람의 마음을 읽는 능력이 그러한 예이다.

하지만 수학에서 불가능성이란 **증명**해 낼 수 있는 것이다. 가령 3은 2의 거듭제곱수가 아니다. 이것을 증명하는 한 방법은 거듭제곱이 무언지 물어본 다음, 2^1은 너무 작고 2^2 이상은 너무 크다는 점을 살펴보면 된다.

프래쳇의 디스크월드 판타지 연작 소설에 나오는 버서(Bursar)는 여분의 정수인 '엄프트(umpt)'가 존재한다고 믿지만, 라운드월드(Roundworld) 수학자들은 동의하지 않는다. 여기서 드러나듯이, 불가능성 증명은 현재 마련되어 있는 수학의 세계 안에서만 작동한다. 만약 게임의 규칙을 바꾸면 다른 결과가 나올지 모른다. 가령 정수 '모듈로 5'의 세계에서는 5의 배수들은 어느 것이든 0으로 간주되므로 $3=2^3$이다. 하지만 그렇다고 해서 앞에서 내가 했던 불가능성 증명이 틀렸다는 뜻은 아니다. 왜냐하면 맥락이 달라졌기 때문이다. 위의 예가 뜻하는 바는 내가 무슨 말을 할 때 그것을 주의 깊게 정의해야 한다는 것이다. 교과서 수학에서 그것은 매우 중요하지만, 「수학 레크리에이션」에서 나는 좀 더 유연한 접근법을 택한다. 원하기만 하면 내가 더 정확하게 표현할 수 있다는 점을 내 독자들이 (대체로 ……) 알고 있기 때문이다.

수학은 어떤 과제가 불가능함을 증명할 수 있지만, 성가신 부작용도 따른다. 이런 상황을 한 번 상상해 보자. 나는 지난 10년 동안 길고 긴 계산으로 공책을 가득 채우며 지낸 결과 마침내 수천 자릿수의 새로운 소수를 하나 발견했다고 확신한다. 하지만 알려진 다른 어떤 소수와도 달리 이것은 **짝수**이다. 마지막 자리의 수는 일반적인 십진수 표기로 6이다. 이 놀랍고도 대단한 성취에 들떠 한 수학자에게 연구 결과를 보냈더니 그는 즉시 터무니없는 것이라며 내게 되돌려 보낸다. 설상가상으로 오류가 어디에 있냐고 그에게 물으니, 대답인즉슨 그는 내 연구를 읽어 보지도 않았고 오류가 어디에 있는지도 모르지만 반드시 오류가 있음을 알고 있다고 한다. 나는 깜짝 놀란다. 어찌 그리 오만하단 말인가! 나는 이 문제에 10년을 바쳤지만 그는 10분을 할애해 내가 적어 놓은 거의 모든 것을 무시한다. 그러면서도 내가 틀렸다고 그가 주장하다니!

일상생활의 대다수 분야에서는 그런 태도는 오만일 것이다. 하지만 수학에서는 단지 논리의 단순한 적용일 뿐이다. 짝수이면서 소수인 수는 2가 유일하다. 다른 수는 없다. 왜 그럴까? 짝수는 2로 나눌 수 있으며, **다른** 소수로 나누어지는 것은 소수가 아니기 때문이다.

수학이 논증 불가능이라는 쿠르트 괴델(Kurt Gödel)의 증명(주어진 한 명제에 대해 유효한 증명이 있는지 여부를 알아낼 알고리듬이 존재하지 않는다.)은 가장 심오한 불가능성 정리의 하나이다. 또 다른 위대한 불가능성 증명은 19세기에 닐스 헨리크 아벨(Niels Henrik Abel), 이후 에바리스트 갈루아(Évariste Galois)에게서 나왔다. 이들은 일반적인 5차방정식은 일반적인 대수 조작과 근호만을 포함하는 공식으로 풀릴 수 없음을 증명해 냈다. 제곱근, 세제곱근, 네제곱근 등 어느 것으로도 풀리지 않는다는 것이다. 그런 표현을 '근'이라고 한다. 수학자들은 오래전부터 2차, 3차 그리고 4차방정식에 대한 근의 공식을 알고 있었다. 우리는 대부분 고등학교에서 2차방정식의 근의 공식을 배우는데, 여기에 제곱근이 들어 있다. 3차방정식과 4차방정식에는 이와 비슷하지만 더 복잡한 공식이 있다. 5차방정식에 대해 이와 비슷한 공식을 찾으려는 모든 시도는 실패하고 말았다.

아벨과 갈루아는 결코 성공할 수 없음을 증명함으로써 그런 시도에 종지부를 찍었다. 아벨의 증명은 독창성의 모범이었다. 갈루아의 증명은 더 체계적이었으며 갈루아 이론으로 알려진 새로운 수학 분야의 도입이 필요했다. 그 이전에 이탈리아 수학자 파올로 루피니(Paolo Ruffini)가 500쪽에 달하는 불가능성 증명을 발표했고, 이후 자칭 더 단순한 — 그래도 여전히 어마어마한 — 증명을 발표했지만, 어느 누구도 거기에 오류가 없다고 확신하지는 않는 것 같았다. 역설적이게도 지금 우리는 그 증명에 단 하나의 심각한 빈틈이 있음을 안다. 루피니의 증명이 완성된다는 사실도 모른 채, 아벨이 그 빈틈을 채워 자신의 증명의 일부로 삼았기 때문이다.[6]

그런 증명이 어떻게 가능한지 알아보기 위해 유명한 퍼즐 하나를 살펴보자. 체스 판에는 64개의 칸이 있다. 만약 체스 판의 흑백 두 칸과 크기가 같은 32개의 도미노가 있다면, 체스 판을 이 도미노들로 채울 방법은 엄청나게 많다. 그 한 예가 그림 88a에 나와 있다. 체스 판에서 같은 줄의 두 꼭지 칸을 없애면 31개의 도미노로 체스 판을 쉽게 채울 수 있다. 그 예가 그림 88b이다. 줄곧 나는 퍼즐의 조건 중 일부로서 각 도미노 하나가 차지하는 공간이 체스 판의 두 이웃 칸과 일치한다고 가정하고 있다. 하지만 만약 체스 판에서 **대각선상의** 두 꼭지 칸을 없애면(그림 88c), 그 결과 생긴 판을 도미노로 채우려는 시도는 전부 실패한다.

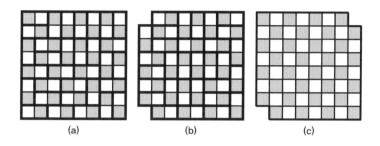

그림 88 주사위에 숫자를 매기는 두 가지 방식

여러분이 거듭 실패한다고 해서 이 과제가 불가능함이 **증명**되는 가? 아니다. 평생 동안 그렇게 해도 증명되지 않는다. 어쨌든 이 과제 는 불가능**한가?** 그렇다.

나는 어떻게 확신할 수 있을까?

그 까닭은 이렇다. 도미노 하나를 체스 판 위에 끼우면, 그것은 언제나 검은 칸 하나와 흰 칸 하나를 덮는다. 따라서 체스 판을 도미 노들로 채우면, 흰 칸의 개수는 검은 칸의 개수와 반드시 같게 된다. 이것이 그림 88의 앞 두 사례이다. 하지만 대각선상의 꼭지 칸을 없 앤 세 번째 예는 그렇지 않다. 한 색깔이 30칸이고 다른 색깔이 32칸 이기 때문이다.

이 퍼즐은 5차방정식을 근에 의한 해법으로 풀 수 없음을 증명 한 갈루아의 방법과 기본적으로 공통적인 요소가 있다. (아벨의 증명 은 이런 방식과는 잘 들어맞지 않는다.) 즉 **불변량**을 도입하고 있는 것이 다. 이것은 실제 해답의 자세한 형태를 모른 채 계산할 수 있는 가설 적인 해답의 한 성질이다. 도미노 문제의 경우 불변량은 단순한 것, 즉 검은 칸과 흰 칸 개수의 동일성이다. 5차방정식의 경우, 그것은 그

방정식의 근들의 대칭성에 관한 정교한 대수적 성질인데, 이를 갈루아 군(群)이라고 한다. 만약 불변량이 해당 문제의 조건과 맞지 않으면 제안된 해답이 무엇이든 그 해답은 반드시 실패한다. 그리고 심지어 제안된 해답을 **보지** 않고서도 실패함을 알 수 있다!

만약 불변량이 틀리다면 해답도 틀리다. 더 이상 왈가왈부할 것이 없다. 해답이 그럴듯해 보여도 아무런 의미가 없다.

갈루아 이론과 취미 수학은 어느 멋진 기하학 분야에서 만난다. 즉 눈금이 없는 자 하나와 컴퍼스(compass) 하나만을 이용한 작도 문제이다.[7] 작도는 알려진 점들의 집합에서 시작해 직선과 원의 교차에 의해 새로운 점들을 연속적으로 찾아내는 과정이다. 사용되는 임의의 직선들은 알려진 점들을 반드시 이어야 하며, 임의의 원들은 중심에 알려진 한 점을 두고 알려진 또 하나의 점을 지나가야 한다.

어떤 문제들을 이런 작도로 풀 수 있을까? 예를 들어 주어진 한 선분을 임의의 특정한 개수의 동일한 조각으로 나눌 수 있다. 주어진 한 각을 2개의 동일한 각으로 나눌 수 있으므로(이등분), 따라서 4개의 동일한 부분 나아가 8, 16, … 등 임의의 2의 제곱 개의 동일한 부분으로 나눌 수 있다. 3, 4, 5, 6, 8, 10, 12개의 변을 갖는 정다각형을 그릴 수 있다. 이 문제들은 모두 유클리드가 알고 있었다. 그 다음 2000년 넘게 많은 이들은 동일한 방법으로 단순해 보이는 다음 세 가지 문제를 풀려고 시도했다.

- 정육면체를 두 배로 만들기: 주어진 정육면체의 두 배 부피인 정육면체를 작도하기
- 각 삼등분하기: 주어진 각을 삼등분하기(동일한 조각 3개로 자르기)

- 원과 넓이가 같은 정사각형 만들기: 주어진 원과 넓이가 같은 정사
각형을 작도하기

요즘은 그들이 왜 그렇게 고생을 했는지 알고 있다. 이 세 문제는 모두 불가능한 것을 요구하기 때문이다.

여기서 우리는 근사적 작도를 추구하지 않는다. 세 문제를 필요한 정도의 근사적 방법으로 푸는 것은 어렵지 않다. 또한 우리는 조건을 느슨하게 하거나 다른 도구를 이용해 작도하기를 원하지 않는다. 그림 89a에는 눈금이 표시된 자나 '토마호크(tomahawk, 아메리카 원주민들이 쓰던 도끼 — 옮긴이)'를 써서 각을 삼등분하는 방법이 나와 있다.

이번에도 어느 누구도 해답을 찾지 못했다는 사실은 아무것도

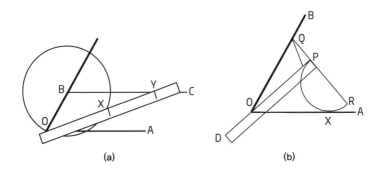

(a)   (b)

그림 89 각 AOB를 삼등분하기. (a) 눈금이 있는 자를 이용한다. 중심이 B이고 O를 지나는 원을 그린다. OA와 평행하게 BC를 그린다. XY=OB가 되도록 하는 X와 Y를 자에다 표시한다. 자가 O를 지나고 X는 원 위에 있고 Y는 BC 위에 있을 때까지 자를 움직인다. 그러면 각 AOY가 각 AOB의 3분의 1이다. (b) 토마호크, 즉 지름이 PR인 반원을 만들고, PR을 Q까지 연장시키는데, 이때 PQ가 PR의 절반이 되게 하고, PD는 PR과 수직이 되게 한다. 토마호크를 조정해 PD가 O를 지나고, Q는 OB 상에 놓이고 OA는 반원과 (X에서) 접하도록 만든다. 그러면 각 POQ가 각 AOB의 3분의 1이다.

증명해 주지 않는다. 1796년 카를 프리드리히 가우스(Carl Friedrich Gauss)는 이전 사람들이 전부 알아내지 못했던 정17각형에 대한 자와 컴퍼스 작도법을 발견했다. 이와 비슷한 방법으로 정257각형과 정65537각형을 작도할 수 있다. 이상한 수이다. 왜 이 수일까? 다른 수도 가능할까? 안 되는 것은 무엇일까?

구체적으로 말해, 자와 컴퍼스 작도에 대한 불변량은 무엇일까?

그러한 작도는 어느 것이든 좌표 형태로 표현될 수 있으며, 점의 좌표가 관련된 일련의 수들의 계산에 대응된다. 알고 보니, 작도의 각 단계마다 1차 또는 2차(직선과 직선이 만날 때는 1차, 원이 포함될 때는 2차)의 대수 방정식에 따라 기존의 알려진 값들과 관련이 있는 수들이 도입된다. 무슨 뜻이냐면(얼마간의 이론적 설명이 필요하지만), 작도의 임의의 점의 '차수(방정식에서 가장 낮은 차수가 해이다.)'는 반드시 2의 거듭제곱이어야 한다는 말이다. 이것이 가장 단순한 불변량이다. 그리고 이것만으로 위에서 언급한 세 가지 문제를 모두 처리하기에 충분하다.

정육면체를 두 배로 만들기 문제는 $x^3-2=0$이라는 방정식을 푸는 문제와 등가이다. 이 방정식은 3차이다. 3은 2의 거듭제곱이 아니므로 이것은 불가능한 문제다.

각도의 삼등분 문제도 3차방정식 풀기와 등가이다. (이 문제에는 삼각법이 적용되며 $cos3x = 4cos^3x - 3cosx$라는 방정식이 필요하다.) 따라서 이것도 불가능하다.

원과 넓이가 같은 정사각형을 작도하는 문제는 차수가 2의 거듭제곱이면서 π를 만족하는 방정식을 찾는 문제와 등가이다. 하지만 (1882년에 페르디난트 린데만(Ferdinand Lindemann)이 증명한 어려운 증명

미로 속의 암소

에 따라) π는 **어떠한** 차수의 방정식도 만족시키지 않는다. (한편 여기서 $x - \pi = 0$은 다루지 않는다. 계수는 반드시 시작점의 좌표와 관련되어야 한다.)

이런 방법으로 수학자들은 이 세 문제를 눈금 없는 자와 컴퍼스로 풀려고 노력하는 것이 시간 낭비임을 알게 되었다. 더 자세한 내용을 알고 싶으면 내가 쓴 교재인 『갈루아 이론($Galois\ Theory$)』을 보기 바란다. 안타깝게도 불가능 증명이 존재하는데도 사람들은 증명 시도를 그만두지 않는다. 아마도 수학적 불가능성의 본질을 잘못 이해하고 있기 때문인 듯하다. 언더우드 더들리(Underwood Dudley)의 매력적인 책인 『삼등분의 비용($Budget\ of\ Trisections$)』에는 그런 시도가 많이 기록되어 있다.

여기서 슬픈 것은 각을 자와 컴퍼스로 삼등분하려는 시도가, 위에서 설명한 불변량을 통해 3이 2의 거듭제곱임을 증명하려는 시도와 등가라는 사실이다. **그것을** 증명했다고 여겼던 어떤 이처럼 정말로 여러분도 역사에 이름을 남기고 싶은가?

---

6 역사와 배경에 대해서는 『아름다움은 왜 진리인가(Why Beauty is Truth)』 참조.

7 전문적으로 말하자면, 여기서의 도구는 한 '쌍의 컴퍼스'이다. 하지만 한 '쌍의 가위'처럼 이것은 도구 한 쌍을 가리킨다. 그냥 하나의 컴퍼스라고 하면 이것은 북쪽을 가리키는 장치이다. 하지만 우리는 사람들이 흔히 쓰는 용례에 따라야 한다. 한때 나는 작도에 왜 **2개**의 나침반이 필요하냐는 질문을 받은 적이 …… (여기서 저자가 컴퍼스에 대해 이런 주석을 단 까닭은 영어로 compass에는 '나침반'이라는 뜻과 '(각도를 나누는) 컴퍼스'의 뜻이 함께 있기 때문이다. 엄밀히 말하면, 하나의 컴퍼스는 a pair of compass, 하나의 나침반은 a compass라고 해야 한다는 뜻이다. — 옮긴이)

삼등분

http://en.wikipedia.org/wiki/Angle_trisection

http://mathworld.wolfram.com/AngleTrisection.html

정육면체를 두 배로 만들기

http://en.wikipedia.org/wiki/Doubling_the_cube

http://mathforum.org/dr.math/faq/davies/cubedbl.htm

원과 넓이가 같은 정사각형 만들기

http://en.wikipedia.org/wiki/Squaring_the_circle

http://en.wikipedia.org/wiki/Transcendental_number

http://mathworld.wolfram.com/CircleSquaring.html

5차방정식

http://en.wikipedia.org/wiki/Quintic_equation

http://mathworld.wolfram.com/QuinticEquation.html

21

십이면체와 함께
춤을

수학을 이용하는 방법이나 가르치는 방법은 많다.
하지만 고안자에게서 듣기 전까지는 결코 몰랐던 방법이
하나 있다. 대부분의 수학적 취미와 달리 이것은
사교적이다. 실제로 가끔씩은 열 명이 필요하기도 하다.
바로 춤이다.

14장에서 우리는 오래전부터 내려오는 실뜨기를 새롭게 살펴보았다. 실뜨기는 겉보기로는 수학적인 것 같지 않지만 수학에 관심 있는 이들에게는 매력적인 주제이다. 그 주제가 진정으로 수학적이라는 나의 확신은 독자들과 의견을 나누어보니 어느 정도 옳은 것임이 밝혀졌다. 독자 의견 중 일부는 「피드백」에 소개했다. 하지만 한 통의 편지는 내가 예상했던 것과는 완전히 다른 주제를 제기했다. 바로 실뜨기, 수학 그리고 춤의 관련성이라는 주제였다. 자체만으로도 「수학 레크리에이션」의 소재가 될 만큼 흥미로운 주제였다.

수학과 예술 사이에는 풍부한 관련성이 있다. 예를 들면 회화에서 원근법의 사용과 음계에서 나타나는 비율 등이 그것이다. 하지만 이제껏 본 수학과 무용과의 유일한 관련성은 영국의 민속 무용의 대칭성에 관한 분석으로, 바스 대학교의 수학 교수인 나의 동료 크리스 버드(Chris Budd)가 몇 년 전에 실시했던 것뿐이었다. 그런데 독자로부터 받은 그 편지는 내게 아주 색다른 내용을 알려 주었다. 바로 새로운 춤을 창작하기 위해 의식적으로 수학을 사용한다는 내용이었다. 독자로부터 받은 그 편지는 산타크루즈에 있는 닥터 샤퍼 & 미스터 슈테른 댄스 앙상블의 공동 예술 감독 카를 샤퍼(Karl Schaffer)에게서 온 것으로, 정다면체와 기타 수학적 형태를 만들기 위해 여러 개의 고리를 이용해 창작된 무용을 설명하는 내용이었다.

편지 서두에서 밝힌 바에 따르면 그와 스콧 킴(Scott Kim)은 1994년에 '고리를 통해, 완벽한 정사각형을 찾아서'라는 무용 공연을 창작하고서 베이 에어리어(Bay Area) K-8 학교에서 공연을 했다. 그러면서 그들은 다면체 실뜨기 형태라는 주제에 관심을 갖게 되었다. 그 공연은 당시 그 무용단이 제작한 다섯 가지 수학 무용 공연의 하나였는데, 이들 무용 공연은 참신하면서도 자연스럽게 청소년 관객들에게 수학적 아이디어를 전해 주기 위한 것이었다. 한편 스콧 킴은 「수학 게임」의 장기 독자들에게는 낯익은 이름이다. 마틴 가드너는 이 칼럼에 '문자들'의 동일한 배열이 올바르게 읽느냐 거꾸로 읽느냐에 따라 다른, 또는 종종 반대가 되는, 킴이 고안한 단어들을 소개한 적이 있었다.

공연의 개발에는 지역의 실뜨기 전문가인 그레그 키스(Greg Keith)가 참여했는데, 이 사람이 그들에게 전통적인 2인조 실뜨기 형

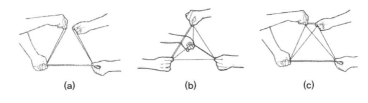

그림 90 2인조 사면체 춤

태 무용을 가르쳐 주었다. 곧 그들은 다면체를 바탕으로 한 3차원 실뜨기 패턴을 포함해 자신들의 새로운 아이디어를 개발해 냈다. 1998년 1월 그들은 가드너를 기념해 애틀랜타에서 열리는 회의인 가드너 개더링(Gardner Gathering) Ⅲ에서 자신들의 작품 일부를 선보였다.

그 간단한 예로 그림 90은 두 무용수가 단 하나의 밧줄 고리를 사용해 (두 변이 두 겹인) 사면체를 만드는 방법을 보여 준다. 첫 번째 무용수는 왼편에 서고 두 번째 무용수는 오른편에 서며 둘 사이에 고리가 존재한다. 각자 오른손으로 고리의 끝을 잡고 왼손으로는 조금 앞부분에 있는 두 가닥을 잡는다. 동시에 무용수 1은 자신의 오른손을 왼손 위로 넘기고 무용수 2는 왼손과 오른손을 떼어 놓는다. 이어서 둘은 거의 닿을 정도로 오른손을 서로 앞쪽으로 향한다(그림 90a). 그 다음에 각 무용수는 오른손을 이용해 다른 이의 밧줄의 한 가닥을 잡는데, 이때에도 자기 밧줄 부분은 계속 잡고 있다. 이어서 무용수 1이 오른손이 현재 잡고 있는 이중 가닥을 따라 오른손을 미끄러지게 하면서 자기 오른편의 자연스러운 위치를 향해 움직여서 밧줄이 그림 90b처럼 보이게 한다. 마지막으로 두 무용수는 오른손을 들고 왼손을 내린다. 그 결과는 정사면체인데(그림 90c), 여기서 두 변은 이중 가닥이고 나머지 네 변은 단일 가닥이다.

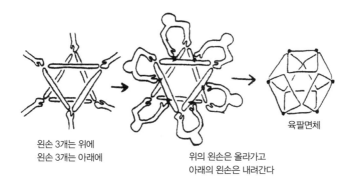

왼손 3개는 위에
왼손 3개는 아래에

위의 왼손은 올라가고
아래의 왼손은 내려간다

육팔면체

그림 91 6인조 육팔면체 춤

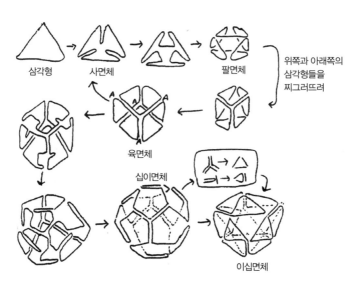

삼각형   사면체   팔면체

위쪽과 아래쪽의
삼각형들을
찌그러뜨려

육면체

십이면체

이십면체

그림 92 모든 정다면체를 통한 3/4/10인조 춤

미로 속의 암소

이와 같은 방법이지만 훨씬 더 상상력을 발휘해야 하는 형태가 그림 91에 나와 있다. 여기에서는 여섯 명의 무용수가 6개의 밧줄 또는 리본 고리를 잡고서 '육팔면체(cuboctahedron)'라는 준(準)정다각형을 만들 수 있다. 이것은 사각면 6개와 삼각면 8개를 갖고 있다. 그림 92는 더욱 정교한 순서로 (무용수가 아니라!) 밧줄이 움직이는 방법을 설명한다. 춤은 세 명이 잡고 있는 하나의 (긴) 고리에서 시작된다. 이 고리는 삼각형에서 출발해 맨 먼저 사면체로 변환되고 이어서 팔면체(8개의 삼각면을 가진 입체)로 변환된다. 이제 네 번째 무용수가 합류해, 이 사람의 도움으로 팔면체를 육면체로 변환한다. 마지막으로 여섯 명의 무용수가 춤에 합류하면 육면체는 먼저 십이면체로 바뀌고 이어서 이십면체로 바뀐다. 5개의 플라톤 입체(사면체, 육면체, 팔면체, 십이면체, 이십면체)가 모두 나타난다.

샤퍼는 이런 유형의 변환의 순서는 종이에 그림을 그리기보다는 실제 줄을 사용하면 발견하기가 더 쉽다는 점을 언급한다. 게다가 새로운 형태와 변환을 찾는 일은 반드시 단체로 이루어져야 한다. 왜냐하면 실을 잡는 데 손이 많이 필요하기 때문이다. 대체로 다면체의 각 꼭짓점은 한 손으로만 잡는다. 이런 까닭에 십이면체를 구성할 때 20개의 손이 있어야 하므로 열 사람이 필요하다. 하지만 구성하는 형태를 무용 참가자 이외의 사람들 누구라도 볼 수 있도록 참가자를 배열하기란 분명 까다로운 일이다.

이런 종류의 실험은 학교 수업에 해 보면 즐겁게 3차원적 사고를 자연스레 일깨워 준다. 더 깊은 수준에서는 진지한 수학적 아이디어를 개발하는 데에도 쓰일 수 있다. 예를 들어 어느 변을 두 겹으로 할지에 대해 알아보다 보면, 그래프의 '오일러 사이클'을 살펴보게 된

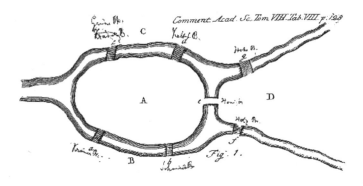

그림 93　오일러의 쾨니히스베르크 다리 문제

다. 그래프는 간선에 의해 이어진 마디의 집합이며, 오일러 사이클은
각 간선을 지나는 닫힌 경로이다. 위의 사례에서, 마디는 참가자의
손이고 간선은 만들어지고 있는, 즉 밧줄의 각 부분에 의해 물리적
으로 구현되고 있는 다면체의 모서리이다. 하지만 무용에서 다면체
의 단일 모서리는 때로는 둘 이상의 밧줄 가닥과 대응된다. 왜 그럴
까? 모서리당 오직 하나의 가닥과 대응될 수는 없을까?

　일반적으로 이 질문에 대한 답은 '아니오.'이다. 설명의 편의상
오직 1개의 밧줄 고리가 있다고 가정하자. 그러면 밧줄은 해당 다면
체의 각 모서리를 전부 지나는 닫힌 원을 구성한다. 1735년에 레온하
르트 오일러는 쾨니히스베르크 다리라는 유명한 난제와 관련해 이
질문과 마주쳤다. 그림 93처럼 당시 그곳에는 7개의 다리가 섬들을
강둑과 섬들끼리 이어 주었다. 마을 사람들은 각 다리를 정확히 한
번만 지나는 이동 경로를 찾으려고 오랜 세월 노력했다. 오일러는 그
런 경로가 존재하지 않음을 증명했다.

　어떻게? 오일러의 증명은 상징적인 것이었지만, 4개의 땅 덩어리

(2개의 섬과 2개의 강둑)를 마디로 여기고 7개의 다리를 간선으로 여기면 그 문제를 그래프, 즉 네트워크로 해석할 수 있다. 그렇게 구성하고 나서 오일러는 만약 그런 사이클이 그래프의 각 간선을 따라 오직 한 번만 지나가려면 **짝수** 개수의 간선이 모든 꼭짓점에서 만나야 함을 증명했다. 핵심 아이디어는 이렇다. 그 사이클이 한 간선을 따라 한 마디와 만날 때면 언제나 다른 간선을 따라 그 마디를 떠나야 하며, 따라서 그 마디와 만나는 간선들은 쌍으로 나누어지므로 반드시 짝수 개여야 한다는 것이다. 이 조건이 쾨니히스베르크 다리에는 만족되지 않으므로 이 문제에는 해답이 존재하지 않는다.

이보다 더 중요한 성과로서 오일러는 그 역, 즉 짝수 홀짝성을 가진 임의의 연결된(어느 한 부분도 끊어지지 않은) 그래프에 대해, 각 간선을 오직 한번만 지나는 닫힌 사이클이 언제나 존재함을 증명했다. 여기서 그의 아이디어는 어떤 닫힌 사이클을 만들면서 시작된다. 만약 어떤 간선이 우연히 빠지게 되면, 여분의 '우회로'가 포함되도록 사이클을 수정해 빠진 간선을 추가할 수 있다. 짝수 조건은 어떠한 우회로도 '막혀서' 원래의 사이클과 다시 이어질 수 없는 일이 일어나지 않게 해 준다. 모든 간선이 포함될 때까지 우회로를 계속 추가해 보라. …… 성공!

이 정리 덕분에 춤에 나오는 두 겹 모서리를 이해할 수 있다. 십이면체를 예로 들어보자. 여기에는 꼭짓점, 즉 마디가 20개이고 30개의 간선이 마디를 잇고 있다. 세 간선(홀수)이 각 꼭짓점과 만나므로 각 간선을 오직 한 번만 지나는 사이클이 존재할 수 없다. 하지만 만약 한 간선이 두 겹이 되면, 각 끝단의 꼭짓점은 이제 4개의 간선과 만난다. 이것은 짝수 개이다. 두 겹이 되면 **모든** 각 꼭짓점과 짝수 번

만나는 10개의 간선을 찾을 수 있는가? 그렇지 않으면 모든 간선을 두 겹으로 한다. 그러면 각 꼭짓점에서 6개의 간선이 만난다. 하지만 정말로 그렇게 많이 필요할까? 우연하게도 그림 92에 나오는 십이면체는 이런 방법을 전혀 사용하고 있지 않다. 왜냐하면 삼중 회전 대칭을 지니고 있기 때문이다.

실뜨기 형태 춤은 다른 많은 수학 분야를 설명하는 데 이용될 수 있다. 가령 3차원 기하학과 대칭에 관한 개념이 그런 예이다. 하지만 그 정도로 교육적인 목표를 추구할 필요는 없다. 이 춤들은 그 자체만으로도 무척 재미있으니 말이다. 특히 모임에서 어색한 분위기를 깨트리는 데 그만이다.

닥터 샤퍼 & 미스터 슈테른 댄스 앙상블

http://www.mathdance.org

스콧 킴의 웹사이트

http://www.scottkim.com

쾨니히스베르크 다리

http://en.wikipedia.org/wiki/Seven_Bridges_of_K%C3%B6nigsberg

http://mathworld.wolfram.com/KoenigsbergBridgeProblem.html

일반적인 그래프 이론

http://en.wikipedia.org/wiki/Graph_theory

더 읽을거리

1 흥미진진한 주사위의 비밀

Henry Ernest Dudeney, *Amusements in Mathematics*, Dover, New York 1958.

Ivar Ekeland, *The Broken Dice*, University of Chicago Press, Chicago 1993.

Martin Gardner, *Mathematical Magic Show*, Penguin, Harmondsworth 1965.

Ian Stewart, *Another Fine Math You've Got Me Into*, Freeman, New York 1992; reprinted
   Dover, New York 2003.

Ian Stewart, *Game, Set and Math*, Blackwell, Oxford 1989; reprinted Dover, New York
   2007.

Ian Stewart, *How to Cut a Cake*, Oxford University Press, Oxford 2006.

Ian Stewart, *Math Hysteria*, Oxford University Press, Oxford 2004.

2 다각형 프라이버시

Kenneth A. Brakke, The opaque cube problem, *American Mathematical Monthly* 99 (1992)
   866-871.

Vance Faber, Jan Mycielski, and Paul Pedersen, On the shortest curve which meets all the
   lines which meet a circle, *Annales Polonici Mathematici* 154 (1984) 249-266.

Vance Faber and Jan Mycielski, The shortest curve that meets all the lines that meet a
   convex body, *American Mathematical Monthly* 93 (1986) 796-801.

Martin Gardner, The opaque cube problem, *Cubism for Fun* 23 (March 1990) 15.

Martin Gardner, The opaque cube again, *Cubism for Fun* 25 (December 1990) 14-15.

Bernd Kawohl, The opaque square and the opaque circle, in *General Inequalities VII*, International Series in Numerical Mathematics 123 (1997) 339-346.

Bernd Kawohl, Symmetry or not?, *Mathematical Intelligencer* 20 no. 2 (1998) 16-21.

3 이기게끔 잇기

Cameron Browne, *Hex Strategy*, A.K. Peters, Natick MA 2000.

Martin Gardner, *Mathematical Puzzles and Diversions from Scientific American*, Bell, London 1961.

Sylvia Nasar, *A Beautiful Mind*, Faber & Faber, London 1998.

Ian Stewart, *Math Hysteria*, Oxford University Press 2004.

4 점핑 챔피언

Andrew Granville, Prime number patterns, *American Mathematical Monthly* 115 (2008) 279-296.

Harry L. Nelson, *Journal of Recreational Mathematics* 11 (1978-1979) 231.

Andrew Odlyzko, Michael Rubinstein, and Marek Wolf, Jumping champions, *Experimental Mathematics* 8 no. 2 (1999) 107-118.

5 네발짐승과 함께 걷기

A. H. Cohen, S. Rossignol, and S. Grillner (eds.), *Neural Control of Rhythmic Motions in Vertebrates*, Wiley, New York 1988.

P. Gambaryan, *How Mammals Run: Anatomical Adaptations*, Wiley, New York 1974.

M. Hildebrand, Symmetrical gaits of horses, *Science* 150 (1965) 701-708.

Eadweard Muybridge, *Animals in Motion*, Dover, New York 2000.

6 매듭으로 타일 붙이기

Colin C. Adams, *The Knot Book*, W. H. Freeman, San Francisco 1994.

Colin C. Adams, Tilings of space by knotted tiles, *Mathematical Intelligencer* 17 no. 2 (1995) 41-51.

B. Grünbaum and G. C. Shephard, *Tilings and Patterns*, W. H. Freeman, New York 1987.

7 미래를 향해 1: 시간 속에 갇히다!

Robert Geroch and Gary T. Horowitz, Global structure of spacetimes, in *General Relativity: An Einstein Centenary Survey* (editors S. W. Hawking and W. Israel), Cambridge University Press, Cambridge 1979, 212-293.

John Gribbin, *In Search of the Edge of Time*, Bantam Press, New York 1992.

H. G. Wells, *The Time Machine*, in *Selected Short Stories of H. G. Wells*, Penguin Books, Harmondsworth 1964.

8 미래를 향해 2: 구멍. 블랙홀, 화이트홀, 웜홀

Jim Al-Khalili, *Black Holes, Wormholes and Time Machines*, Taylor and Francis, London 1999.

Jean-Pierre Luminet, *Black Holes*, Cambridge University Press, Cambridge 1992.

R. Penrose, Singularities and time-asymmetry, in *General Relativity: An Einstein Centenary Survey* (editors S. W. Hawking and W. Israel), Cambridge University Press, Cambridge 1979, 581-638.

Edwin F. Taylor and John Archibald Wheeler, *Exploring Black Holes: An Introduction to General Relativity*, Addison-Wesley, New York 2000.

9 미래를 향해 3: 다시 과거로

Andreas Albrecht, Robert Brandenberger, and Neil Turok, Cosmic strings and cosmic structure, *New Scientist* 16 April 1987, 40-44.

Sean M. Carroll, Edward Farhi, and Alan H. Guth, An obstacle to building a time machine, *Physical Review Letters* 68 (1992) 263-269.

Marcus Chown, Time travel without the paradoxes, *New Scientist* 28 March 1992, 23.

John R. Cramer, Neutrinos, ripples, and time loops, *Analog* (February 1993) 107-111.

J. Richard Gott, III, Closed timelike curves produced by pairs of moving cosmic strings: exact solutions, *Physical Review Letters* 66 (1991) 1126-1129.

Michael S. Morris, Kip S. Thorne, and Ulvi Yurtsever, Wormholes, time machines, and the weak energy condition, *Physical Review Letters* 61 (1988) 1446-1449.

Ian Redmount, Wormholes, time travel, and quantum gravity, *New Scientist* 28 April 1990, 57- 61.

10 비틀린 원뿔

Donald G. Bancroft, *Rollable body,* US Patent #4,257,605, United States Patent and Trademark Office, Alexandria VA, 24 March 1981.

Alessandra Celletti and Ettore Perozzi, *Celestial Mechanics: The Waltz of the Planets,* Springer, New York 2006.

Richard S. Westfall, *Never at Rest: A Biography of Isaac Newton,* Cambridge University Press, Cambridge 1983.

Michael White, *Isaac Newton: The Last Sorcerer,* Fourth Estate, London 1998.

11 눈물방울은 어떤 형태일까?

J. Eggers and T. F. Dupont, Drop formation in a one-dimensional approximation of the Navier-Stokes equation, *Journal of Fluid Mechanics* 262 (1994) 205.

D. H. Peregrine, G. Shoker, and A. Symon, The bifurcation of liquid bridges, *Journal of Fluid Mechanics* 212 (1990) 25-39.

X. D. Shi, Michael P. Brenner, and Sidney R. Nagel, A cascade structure in a drop falling from a faucet, *Science* 265 (1994) 219-222.

D'Arcy W. Thompson, *On Growth and Form,* Cambridge University Press, Cambridge 1942.

12 심문관의 오류

R. A. J. Matthews, The interrogator's fallacy, *Bulletin of the Institute of Mathematics and its Applications* 31 (1994) 3-5.

13 미로 속의 암소들

Robert Abbott, *Supermazes,* Prima Publishing, Rocklin 1997.

Martin Gardner, *The Colossal Book of Mathematics,* W. W. Norton, New York 2001.

Martin Gardner, *More Mathematical Puzzles and Diversions from Scientific American,* Bell, London 1963.

Ian Stewart, A partly true story, *Scientific American* 268 no. 2 (1993) 85-87.

14 기사의 여행

W. W. Rouse Ball and H. S. M. Coxeter, *Mathematical Recreations and Essays,* Macmillan, London 1939.

Henry Ernest Dudeney, *Amusements in Mathematics,* Dover, New York 1958.

Maurice Kraitchik, *Mathematical Recreations* (2nd edn), Allen & Unwin, London 1960.

Allen J. Schwenk, Which rectangular chessboards have a knight's tour?, *Mathematics Magazine* 64 no. 5 (1991) 325-332.

15 고양이 요람 계산법 도전

Joseph D'Antoni, Variations on Nauru Island figures, *Bulletin of the International String Figure Association* 1 (1994) 27-68.

Caroline Jayne, *String Figures and How to Make Them,* Dover, New York 2003.

James R. Murphy, Using string figures to teach math skills, *Bulletin of the International*

String Figure Association 4 (1997) 56-74.

Mark A. Sherman, Evolution of the Easter Island string figure repertoire, *Bulletin of String Figures Association* 19 (1993) 19-87.

Yukio Shishido, The reconstruction of the remaining unsolved Nauruan string figures, *Bulletin of the International String Figure Association* 3 (1996) 108-130.

Alexei Sossinsky, *Knots,* Harvard University Press, Cambridge MA 2002.

Tom Storer, *Bulletin of String Figures Association* special issue 16 (1988) (especially Chapter III on Indian diamonds).

Kurt Vonnegut, *Cat's Cradle* (new edn), Penguin Books, Harmondsworth 1999.

16 유리 클라인 병

Stephan C. Carlson, *Topology of Surfaces, Knots and Manifolds: A First Undergraduate Course,* Wiley, New York 2001.

John Fauvel, Raymond Flood, and Robin Wilson (eds.) , *Möbius and His Band: Mathematics and Astronomy in Nineteenth-Century Germany,* Oxford University Press, Oxford 1993.

17 시멘트처럼 굳건한 관계

Martin Kemp, Callan's canyons: art and science, *Nature* 390 (11 December 1997) 565.

Adrian Webster, Letter to the editor, *Nature* 391 (29 January 1998) 431.

18 매듭에 도전하면 새로운 수학이 열린다!

Colin Adams, *The Knot Book,* W. H. Freeman, New York 1994.

Clifford W. Ashley, *The Ashley Book of Knots,* Faber & Faber, London 1993. ·

M. Bigon and G. Regazzoni, *The Morrow Guide to Knots,* Morrow, New York 1982.

Roger E. Miles, *Symmetric Bends,* World Scientific, Singapore 1995.

Phil D. Smith, *Knots for Mountaineering* (3rd edn), Citrograph, Redlands 1975.

Alexei Sossinsky, *Knots,* Harvard University Press, Cambridge MA 2002.

19 가장 완벽한 마방진

W. S. Andrews, *Magic Squares and Cubes,* Dover, New York 2000.

Kathleen Ollerenshaw, *To Talk of Many Things,* Manchester University Press, Manchester 2004.

Kathleen Ollerenshaw and David S. Brée, *Most-Perfect Pandiagonal Magic Squares: Their Construction and Enumeration,* Institute of Mathematics and Its Applications, Southend-on-Sea 1998.

Frank J. Swetz, Legacy of the Luosho, A. K. Peters, Wellesley MA 2008.

20 그럴 리가 없다!

Underwood Dudley, *A Budget of Trisections,* Springer, New York 1987.

Underwood Dudley, *Mathematical Cranks,* Mathematical Association of America, Washington DC 1996.

Underwood Dudley, *The Trisectors,* Mathematical Association of America, Washington DC 1996.

Mario Livio, *The Equation That Couldn't Be Solved,* Souvenir Press, London 2006.

Ian Stewart, *Galois Theory,* CRC Press, Boca Raton 2003.

Ian Stewart, *Why Beauty is Truth,* Basic Books, New York 2007.

21 십이면체와 함께 춤을

Martin Gardner, *The Colossal Book of Mathematics,* W. W. Norton, New York 2001.

Robin J. Wilson, *Introduction to Graph Theory,* Longman, Harlow 1985.

도판 저작권

찾아보기

미로 속의 암소

옮긴이 노태복

한양 대학교 전자공학과를 졸업하고 환경, 생명 운동 관련 시민 단체에서 활동했으며 현재 교양 과학서와 과학 소설을 번역, 소개하는 일을 하고 있다. 『생각하는 기계』, 『꿀벌 없는 세상, 결실 없는 가을』, 『생태학 개념어 사전』, 『19번째 아내』, 『진화의 무지개』, 『신에 도전한 수학자』, 『우주, 진화하는 미술관』, 『뫼비우스의 띠』, 『이것은 과학이 아니다』, 『얽힘의 시대』 등이 있다.

미로 속의
암소

1판 1쇄 펴냄 2015년 8월 15일
1판 2쇄 펴냄 2021년 10월 15일

지은이   이언 스튜어트
옮긴이   노태복
펴낸이   박상준
펴낸곳   (주)사이언스북스

출판등록 1997. 3. 24.(제16-1444호)
          (우)06027 서울특별시 강남구 도산대로1길 62
대표전화 515-2000 팩시밀리 515-2007
편집부   517-4263 팩시밀리 514-2329
www.sciencebooks.co.kr

ISBN 978-89-8371-742-9 03410